土木工程建设与管理研究

王锋　著

湘潭大學出版社
XIANGTAN UNIVERSITY PRESS

图书在版编目（CIP）数据

土木工程建设与管理研究 / 王锋著. -- 湘潭 : 湘潭大学出版社, 2024. 12. -- ISBN 978-7-5687-1708-3
Ⅰ. TU71
中国国家版本馆 CIP 数据核字第 2025T4L629 号

土木工程建设与管理研究

TUMU GONGCHENG JIANSHE YU GUANLI YANJIU

王锋 著

策划编辑：丁立松
责任编辑：丁立松
封面设计：万典文化
出版发行：湘潭大学出版社
社　　址：湖南省湘潭大学工程训练大楼
电　　话：0731-58298960 0731-58298966（传真）
邮　　编：411105
网　　址：http://press.xtu.edu.cn/
印　　刷：长沙创峰印刷有限公司
经　　销：湖南省新华书店
开　　本：787 mm×1092 mm 1/16
印　　张：13
字　　数：250 千字
版　　次：2024 年 12 月第 1 版
印　　次：2024 年 12 月第 1 次印刷
书　　号：ISBN 978-7-5687-1708-3
定　　价：78.00 元

PREFACE 前言

伴随着我国经济的进步，建筑企业对现代土木工程建设管理的要求也在不断地提高。土木工程建设管理指的是施工单位在对相关的土木工程项目进行全方位管理、控制、协调及组织等。在新时代，社会对相关的建筑企业提出了更高的要求，与此同时，对土木工程的建设管理也变得越来越严格。要想强化对土木工程的建设管理，就需要相关的施工单位改变传统土木工程建设的管理方法，采用新颖的方法对土木建设工程进行管理，只有这样，才能有效地提高现代土木工程建设的管理水平。

目前，我国在现代土木工程建设管理中还存在很多的问题和不足，如很多建筑单位并不重视对土木工程建设项目的管理，甚至有一些建筑单位还没有意识到对土木工程建设项目进行管理的重要性，这不利于我国现代土木工程建设的发展。为此，这就需要相关的施工单位强化对土木工程建设项目的管理，及时对土木工程建设项目的管理进行优化，严格地执行相关的管理标准，只有这样，才能更好地发挥出我国现代土木工程建设管理的优势，推进我国现代土木工程的进步和发展。

本书内容分为六章，第一章是对土木工程的概述性论述，主要是土木工程的可持续发展和未来发展趋势。第二章是对土木工程建设过程中的计划制订和框架结构设计进行了分析。第三章对土木工程的重点分项管理进行论述，例如施工合同管理、进度管理、质量与安全管理等。第四章对土木工程的施工组织计划管理进行了论述。第五章对土木工程的重点施工内容进行分析，例如土方、桩基础、结构工程、防水工程等。第六章主要探讨了计算机在土木工程建设的应用，并重点分析了 BIM 技术。

为了提升本书的学术性与严谨性，在撰写过程中，笔者参阅了大量的文献资料，引用了诸多专家学者的研究成果，因篇幅有限，不能一一列举，在此一并表示最诚挚的感谢！由于时间仓促，加之笔者水平有限，撰写过程中难免出现不足之处，希望各位读者不吝赐教，提出宝贵的意见，以便笔者在今后的学习中加以改进。

前言

CONTENTS

目　录

第一章　土木工程概述 ………………………………………………… 1

第一节　土木工程的内涵及特点 ………………………………………… 1

第二节　土木工程的可持续发展理念研究 ……………………………… 6

第三节　土木工程未来发展趋势分析……………………………………… 10

第二章　土木工程建设管理计划 ……………………………………… 14

第一节　土木工程建设的基本程序……………………………………… 14

第二节　土木工程建设的框架结构设计………………………………… 23

第三节　土木工程建设的项目管理……………………………………… 26

第三章　土木工程的分项管理 ………………………………………… 31

第一节　项目施工合同管理……………………………………………… 31

第二节　土木工程实施的进度管理……………………………………… 35

第三节　项目施工中的质量与安全管理………………………………… 53

第四节　土木工程施工现场管理………………………………………… 70

第五节　土木工程建设过程中的成本管理……………………………… 74

第六节　工程项目施工中的风险管理…………………………………… 82

第四章　土木工程施工组织计划 ……………………………………… 87

第一节　施工组织概论…………………………………………………… 87

第二节　流水施工原理 ………………………………………………… 101

第三节　网络计划技术 ………………………………………………… 106

第四节　单位工程施工组织设计 ……………………………………… 111

第五节　施工组织总设计 ……………………………………………… 116

第五章　土木工程的施工内容 …… 129

第一节　土方工程 …… 129

第二节　桩基础工程 …… 145

第三节　钢筋混凝土结构工程 …… 158

第四节　防水工程 …… 165

第五节　装饰工程 …… 174

第六章　计算机在土木工程中的应用 …… 184

第一节　计算机辅助技术概述 …… 184

第二节　CAD 的基本概念及在土木工程中的应用 …… 186

第三节　计算机模拟仿真在土木工程中的应用 …… 190

第四节　BIM 技术在土木工程施工中的应用 …… 193

参考文献 …… 200

第一章　土木工程概述

第一节　土木工程的内涵及特点

一、土木工程的内涵

中华人民共和国教育部学位管理与研究生教育司在学科简介中把土木工程定义为："土木工程是建造各类工程设施的科学技术的总称，它既指工程建设的对象，即建在地上、地下、水中的各种工程设施，也指所应用的材料、设备和所进行的勘测设计、施工、保养、维修等技术。"土木工程专业就是为培养掌握土木工程技术人才而设置的专业，土木工程是一个专业覆盖极广的一级学科。

土木工程，英语为"Civil Engineering"，可直译为"民用工程"，它的原意与军事工程"Military Engineering"相对应，即除了服务于战争的工程设施以外，所有服务于生活和生产需要的民用设施均属于土木工程，后来这个界限也不明确了。按照学科划分，军用的地下防护工程、航天发射塔架等也都属于土木工程的范畴。

土木工程的内涵非常广，它包括房屋土木工程、公路与城市道路工程、铁道工程、桥梁工程、隧道工程、机场工程、地下工程、给水排水工程、港口码头工程等。国际上将运河、水库、大坝、水渠等水利工程归属于土木工程的范畴。土木工程建设在我国有一个通称叫基本建设，它渗透到了工业（厂房、矿山）、农业（水利工程）、交通运输业（路、桥、隧道）、国防（地下防空、发射塔井）及人民生活（民用建筑、市政设施）各个方面。

相对于其他学科而言，土木工程诞生早，其发展及演变历史长，但又是一个"朝阳产业"，其强大的生命力在于人类生活乃至生存对它的依赖，可以说，只要人类存在，土木工程就有强大的社会需求和广阔的发展空间。随着时代的发展和科学技术的进步，土木工程早已不是传统意义上的砖、瓦、灰、砂、石子，而是由新理论、新材料、新技术武装起来的专业覆盖和行业涉及极广的一级学科和大型综合性产业。

二、土木工程的内容

随着现代不同类型工程建筑体系的飞速发展，人们需要建设其规模与跨度更大、高度更高的轻型现代化建筑物体系，这就需要建筑物具备更高的品质，也需要提升施工建设的速度，提高经济效益水平。这样的背景为土木工程体系创造出了新的课题，为土木工程体系的快速发展奠定了基础和动力。土木工程体系的内容如下。

（一）建筑材料

随着科学技术发展水平的提升，高轻度的轻型材料不断出现并且实现了技术更新，比如，比钢铁更轻的铝合金、镁合金等玻璃钢材料逐渐开始在土木工程当中进行应用。然而这些材料部分的弹性模量水平比较低，价格水平比较高，这就使得材料的应用受到了比较多的限制，所以，仍然需要相关的技术人员进行新的探索与研究。除此之外，在对钢材与混凝土材料的轻度以及耐久性进行提升方面，尽管已经取得了一定的成果，但是依然存在进步与发展的空间，需要相关的研究人员进一步研究相关的技术，对技术与设施进行更新，从而为土木工程体系的进一步发展奠定基础。

（二）工程地质与地基

工程地质与地基在土木工程当中属于非常关键的组成元素。在土木工程的建设区域当中，工程地质与地基自身的构造与天然状况下所形成的应力状况与力学性能，不仅会影响基础性的设计与施工状况，也会影响到工程设施的选择以及建筑材料体系的选择，这会对地下工程产生更大的影响力。工程地质与地基的勘察技术目前需要在现场进行钻探和取样，在室内对所取的样品进行分析和试验，这便使得地质与地基的勘探工作存在比较大的局限性。

（三）工程规划

在传统的土木工程体系当中，整体的规划主要是结合之前的工程经验来对方案进行明确，并且在其中选择出最优的方案。因为土木工程设备设施的规模处于不断扩大的过程中，如今需要对系统工程的理论以及具体的方法进行运用，从根本上提升规划体系的水平。规模比较大的土木工程，比如规模比较大的水坝会使得自然环境发生一定的变化，对生态平衡与农业体系的生产等产生一些影响，这些工程对社会体系的影响也是有好有坏。在对工程进行规划的过程中，需要进行全方位的设计，实现趋利避害的效果，为土木工程自身价值的发挥奠定基础。

（四）工程设计

在进行设计工作的过程中，人们希望设计出的工程状况与实际状况更加匹配，实现经济、美化以及美观的效果。对此，可以借助概率统计的形式来对荷载值以及材料的强度数值进行分析，对自然环境当中风力、海浪等作用在时间与空间当中的分布规律进行研究与分析，对材料结构状况与岩土之间的作用进行分析，在此基础上，对结构优化设计以及极限状况等进行研究，同时需要发挥出计算机高速计算与设计的价值，促使土木工程体系的稳定性以及安全性进一步提升，这也是现代建筑行业发展速度提高的基础。

（五）工程施工

在新的时代背景下，土木工程自身的规模不断扩大，这也使得施工的工具、设备设施逐渐朝着品种多样、自动化程度高以及规模扩大的方向发展，施工逐渐朝着机械化以及自动化的方向发展。除此之外，组织管理体系可以对系统工程的理论与方法进行运用，朝着科学化的方向发展。一些工程设备设施的建设逐渐朝着标准化的方向发展。在这样的背景下，土木工程体系不仅能够降低造价，对施工周期进行缩短，而且提升了劳动生产的水平。

三、未来土木工程体系的发展

随着社会的进步与发展，土木工程体系呈现出良好的发展态势，在将来的土木工程体系当中，新兴的理论知识、信息化技术以及可持续发展的理念等都会在土木工程当中进行运用，充分彰显出土木工程与时俱进的特征，更好地满足人们生活发展的需求，促使土木工程的实用价值进一步进行彰显，接下来就对土木工程未来的发展趋势进行探讨。

（一）指导型理论的发展

无论是过去还是现在或者是将来，土木工程技术理论体系的核心是力学知识，土木工程力学体系的突破是创建出全新的分析方法与数值处理方法。在面对比较相似的复杂结构以及流体介质的状况时，现在的方法体系依然表现出比较多的局限性。将来，专业性更强的数学知识会在土木工程体系当中实现进一步的发展，对土木工程体系当中复杂程度比较高的数值问题进行解决。先进程度更高的电子计算机技术的运用，能够有效应对复杂程度更高的模拟状况，与现实状况更加靠近。力学体系会对宏观框架进行突破，朝着微观体系发展，控制论以及虚拟化等技术也在力学应用的过程中得到深入发展。与此同时，土木工程这一学科也会逐渐朝着其他的方向发展，和材料、环境以及机械等知识结合起来。土木工程会与城市规划以及建筑学等学科会进行交叉和融合，呈现出相互支持与服务的状态。土木工程体系内的次级性学科，能够在现实状况的推动下催生出新型的学科，不同类型的学科知识会相互渗透，比如，在一些规模比较大的体育场上，可以运用桥梁结构当中的悬索体系。

（二）工程实现体系的发展与变化

土木工程建筑体系的目的是设计并建设出与要求相符的工程体系，从最初的设计再到成果展示，需要经过相对较长的工程实现过程，这也是土木工程体系的关键组成部分，也可以说这是土木工程体系当中非常重要的内容，即便是拥有了优质的理论与设计基础，但是无法进行深入的工程实践，也不会展示出优质的作品。随着信息时代的到来，其他学科的知识与技术会对土木工程产生一些影响，也会在传统学科当中注入一些活力，其中涵盖着施工技术、环境工程、经济学理论等。

1. 全过程实现信息化

信息化技术逐渐在将来的土木工程当中进行渗透，关键不仅仅体现在 CAD 层面上，也涵盖着管理工程的具体进度、对工程建设过程中资料的收集与整理，对建筑物体系的结构、强度以及可靠性进行分析，并且制定出针对性的措施，这也是主动进行控制以及智能化体系实现的基点。全过程的信息化会对未来土木建筑体系的维护产生比较大的影响。例如借助传感装置与电子计算机设备，对建筑物体系进行全方位的监控和监督，对建筑物的整体状况进行掌控。如今，国内正处于基建体系的高潮期，但在二三十年之后，这些建筑物群体会进入维护阶段。若是在如今的建筑物建设过程中就对不同类型的信息化设备进行运用，就会对未来的建筑物维护与保养提供比较多的帮助。在如今的专家系统技术体系当中，信息化是非常关键的基础，程序解题能力与其形式体系以及推理的模式直接相关，与所拥有的知识也直接相关。为了提升程序的智能化程度，就需要为其提供一些高质量的信息，从而保证信息化设备设施价值的发挥，更好地对建筑物体系进行维护。

2. 可持续发展与人性化

随着社会体系的建设与发展，可持续发展与人性化的建设需要与社会经济体系的发展建立起匹配的关系，社会的进一步发展，需要提升资源利用的合理性与有效性，生活品质的提升，也使得人们对土木工程建设体系提出了更高的要求，朝着更加人性化的方向发展。

在对土木工程进行建设的过程中，会对不同类型的资源以及能源进行消耗，如今社会发展的主题逐渐发展成为可持续健康发展，作为建筑体系的关键组成部分，土木工程也需要正视可持续发展的问题，节约资源，降低能源消耗，这需要体现在建设过程与使用过程中，逐渐发展成为土木工程的主导方向，这需要建立在优质设计与高效运作管理机制的基础上。在土木工程建筑物的整个周期中，无论是从前期的规划、设计过程中，以及建成之后的使用与维护过程中，都需要尽可能降低对环境体系的影响，除此之外，也需要充分发挥其社会与经济效应，这也对土木工程体系的建设提出了更高的要求，这体现在资源体系的保护以及再利用过程中、污染的有效控制以及质量管理的全方位水平上。在国内的施工项目当中，青藏铁路彰显出有效的可持续发展思想，从设计过程中就需要关注青藏高原对生态环境体系的保护，整条铁路的设计呈现出封闭的状态，这使得废弃物污染状态越来越严重，对噪声污染进行了控制。因此，在施工作业进行过程中，需要关注工程建设工作对周边环境所产生的影响作用，需要充分彰显出可持续发展与人性化的思想。

（三）主动控制技术

就目前的状况而言，大多数的土木工程体系建筑物都被视为静态同时被动的物体。当外界的环境产生变化时，比如温度、突发状况、风向变动等，土木工程只能够借助自身结构来进行被动抵御，这使得建筑物体系的灵活性与应变能力进一步降低，将来土木建筑工程的发展方向为将主动控制技术在土木建筑体系当中进行运用。在运用计算机技术以及模糊控制的技术时，土木工程能够有效应对不同类型的环境变化状况，从而提升建筑物体系的应变性与主动性。

综上所述，随着社会体系的建设与发展，土木工程体系技术得到了进一步的发展，其是人类智慧的成果，也是因为人类的存在而出现，在新的时代背景下，需要在土木工程体系当中对可持续发展观进行落实，进一步进行创新，充分发挥出信息控制技术的价值，促使土木工程逐渐朝着更加稳定与安全的方向发展。

第二节　土木工程的可持续发展理念研究

一、建筑土木工程与可持续发展高效整合的概述

在人们生活过程中，建筑土木项目是基础项目的核心内容，在发展社会经济和群众生活方面发挥重要作用。运用有效的方式让生态环境不受到破坏的状况中，促进经济的迅速发展，进而能够长期运用，这里涉及的可持续发展的内涵，就是可持续和发展。建筑土木项目与可持续发展能够高效整合的状况下，能够降低对生态平衡的破坏程度，确保生态环境的整体性和稳定性，改善人们的生存条件，能够帮助生态实现可持续发展，为后代的生存创造有利条件。在整合期间，能够科学高效地运用现代化前沿科技，经济的迅速发展，使现代科技持续发展与进步，将其运用在建筑土木项目中，有助于提升项目的品质，缩减建筑土木项目的运用经费，进而确保有关工作者的安全，从而推动可持续发展。建筑土木项目与可持续发展的高效整合，能够在很大程度上延长建筑项目的使用寿命。

二、建筑土木项目遵循可持续发展的原则

建筑在施工期间会使用到较多的建筑材料，因此，把可持续发展观念高效地融合在建筑土木项目中，不但能够提升建设项目的高效运用率，而且可以促进建筑土木项目的长期发展。建筑土木项目中可持续发展要遵循的基本原则可以概括如下：①建筑土木项目的建设操作要在尊重自然生态发展的前提下进行，不能将破坏生态环境当成

建设代价；②建筑在规划期间就要关注能源与资源的可持续发展，例如规划太阳能供电以及风力取暖等；③建筑项目所需使用的土地面积比较大，因此，每个建筑项目在规划之初就要全面考虑到土地运用的多样性，提升土地的使用效率；④建筑项目与生态环境之间的关系，构建互相作用，生态环境能够提高建筑的层次，建筑可以保护生态环境，两者是互相促进、互相进步、互相依存的关系。

三、建筑土木项目和可持续发展有机融合的意义

近年来，我国建筑土木项目在快速发展的过程中也在一定程度上影响了生态环境，破坏了生态体系的平稳性。面对这种状况，现阶段一定要合理地进行设计，有效避免对生态环境造成更大的影响，把建筑土木项目与可持续发展高效地整合起来，实现社会和环境的可持续发展。把建筑土木项目和可持续发展有机地整合起来，不仅能够高效地减少对生态环境的破坏，维持生态环境的平稳、持续发展，而且能够有效地提升人们生活的品质，让人们的生活更加优质。另外，对二者高效规划整合实现可持续发展，一定要借助合理的方式来优化建筑项目，最大限度地减少对生态环境的破坏，实现经济方面的可持续发展。

四、建筑土木项目与可持续发展高效整合的举措

（一）在建设规划期间达到可持续发展

在建筑土木项目建设之前，一定要按照建设现场的大小与有关的建设要求落实建设图纸方面的规划，以往的建设图纸规划主要针对的就是工程现实平稳性、安全性与经济利益方面，寻求最佳的平稳性、安全性与最少的经济投入，这种传统的规划观念常常忽视了工程建设材料对附近生态环境的影响，导致部分项目在规划的开始就具有消耗能源多、对环境污染大的特点。面对这种情况，在现阶段的建筑土木项目规划期间，对建设图纸展开多次的研究与修改，对建设规划的需求也应由之前的注重经济利益转变成经济与环境共同发展。要求在规划期间考虑工程项目对施工地环境的影响，同时在工程项目规划过程中，就预估出项目建设和可持续发展需求之间的矛盾，高效运用项目附近的生态优势与各种景观，协调工程规划和附近生态环境之间关系，真正

让项目规划做到在体现建筑物自身的特殊性的同时和附近原来的环境景观有机地融合在一起。

（二）建筑土木项目建设准备期间遵循可持续发展的观念

正式建设之前，要全方位地勘探与了解建设环境与建设场所附近的环境，深入考察地质等情况，调查建筑项目的地质条件。事先科学布置建筑建设的相关事宜，尽量减少对附近生态环境的破坏，最大限度地达到建筑项目的可持续发展。如果发现有重要地下资源，要尽可能避开在这个区域进行建设的规划，减少建筑项目活动对生态环境造成的破坏。同时，在建筑项目建设的过程中，要落实好每个环节的工作和规划，尽可能地延长建筑土木项目的使用寿命，有效避免建筑资源浪费。

（三）合理挑选建筑土木项目的建设材料

确保建筑土木项目能够可持续性发展，要从根源着手，合理选择建设原料，减少使用钢筋混凝土等传统建筑原料的数量，加强对各类新型优质轻质原料的运用与研究。项目建设部门要明确意识到，传统建筑原料即使在刚度、强度方面具备一定的优势，但同时有建设粉尘污染、噪声污染太大等问题，会直接影响附近的环境。要逐步加大对新型材料的研究力度，在非承重的位置，加强对新型原料的投入运用，同时在强度要求比较高的位置，采用绿色建设方法，对传统建筑原料展开绿色化运用，便于在确保建筑承重性能和建设质量的同时，尽量减少整个建筑建设对于生态环境的影响。

（四）在建筑土木项目建设期间可持续发展的对策

项目建设期间是土建项目建设的主体环节，要想推动整个项目的可持续发展，此期间也是至关重要的。在现实项目建设期间可以运用各种新的大型机械。高科技在数据搜集整理与归纳方面可以发挥重要作用，例如：结构健康检测就是运用目前创新科技改变传统建设检查方法的一个例子，这种科技能够在确保检测准确性的同时，实现生态环境方面的可持续发展，健康检测的理论就是在建筑结构内部装置传感仪器，利用传感器传回的数据与信息来评判建筑结构的平稳性，这种体制能够有效规避传统人工检测不精准的不足。可以说，高科技在推动土木项目施工建设发展方面能够发挥重要作用，只有科技持续发展与进步，建筑土木项目建设才能够得到持续平稳的发展。

（五）后续废料拆除方面可持续发展的对策

在建筑土木工程建设后续会出现较多的废弃原料，假如不科学地处置这些建设废料，会在很大程度上污染环境，这种污染也是妨碍可持续发展的重要原因，在建设期间应强化对建设废弃原料的管控工作，构建一套比较完善的建设废弃原料处置体制，一定要考虑好废水要怎么处置排放，固体废弃物要集中堆放到什么地方，影响环境的废弃原料要通过什么程序之后再排放，这种细致的体制保障有利于建设方对各种建设废弃原料展开集中统一的管控，减少建设废弃原料对环境造成的影响，继而在废料处置方面达到建筑土木项目和可持续发展的协调一致。在建设废料拆除时，常常会出现这种情况，就是对建筑结构比较好的建筑废弃原料的处置，以往处置这种废弃原料的方法是，可以直接使用的就储存起来下次接着运用；假如建设零件出现了一些破损影响下次运用的，就直接扔掉。以往的废料拆除工作并没有修复废料的环节，导致了较多的资源浪费，针对这种情况，可以建立废料修复系统，这种系统能够最大限度地节约建设经费，缩减建设的用料数量，进而实现资源运用的可持续发展。

（六）建设资源的科学运用

建筑土木工程的建设资源，不但指项目建设期间运用到的自然资源和土地资源，而且涉及新型能源资源和其他方面的物质资源。土建项目建设一般具备规模大、项目所需资源较多的特征，假如不能科学地管控各种资源的运用情况，极易导致资源运用浪费问题，不但会使项目建设经费增加，而且在很大程度上影响生态环境的可持续发展。在建设期间，可以通过大面积绿化来推动生态环境的可持续发展，保证多余的土地可以被绿化全面地覆盖起来。此外还能够通过建筑土木工程规划去开发绿色可再生的资源，推动生态环境方面的可持续发展。各部门要充分意识到，资源科学运用与节约使用并不是一个概念，各种资源运用要以达到建设条件和建设需求为依据，要确保项目的建设质量，不能以牺牲项目建设品质为代价，节约资源的运用，要确保整个资源运用的科学性和高效性，进而构建起资源使用的合理模式，保证项目建设各个方面需求都可以符合预期。

高效落实建筑土木项目与可持续发展高效整合的举措是十分必要的。建筑单位要意识到建筑土木项目建设对生态环境的影响和威胁，要逐步加强对建筑土木项目建设的革新力度。依据整个建筑业的发展状况和改革设计，编制出可操作性较强的项目与可持续性发展的融合方案，保证科学调节建设前期预备环节和建设、规划等各个环节，高效地落实可持续性整合的相关内容，保证各环节建设都可以最大限度保护项目附近的生态环境，整体建设可以和项目附近的生态环境和谐共处，从而达到理想化融合的效果，确保建筑土木项目建设对周围环境的影响降到最低。

第三节　土木工程未来发展趋势分析

自从改革开放以来，我国的政治经济各方面都有了很大的发展，而土木工程相关理论也卓有建树，相关的实践应用也有了很大的进步。从道路交通、水利设施到高楼大厦、房屋建筑都取得巨大的发展。无论是力学分析的结构的理论还是具体的施工方法，都有很大的突破。尤其在近些年，在高层、大跨度结构和钢结构的成就尤为突出，但是在未来的发展过程中，土木领域仍有很多课题和项目难关等着去攻克去慢慢探索，所以本书的研究很有意义。

一、土木工程发展现状

（一）高层建筑的发展

我国是世界上人口最多的国家之一，这意味着我们必须在有限的土地上建造出更多的建筑满足更多的人的生活需要，这是当前城镇化进程面临的棘手问题，是影响中国社会和谐乃至影响国际形象的重要因素。要解决这一问题，唯一可行的办法就是增加高层建筑。同时城市土地的短缺也极大地促进了高层建筑的建设。可以说，高层建筑是中国未来发展的必要条件。转变方向是解决人口增长与土地资源有限矛盾的必然选择。高层建筑用地少，人口多，成为未来城市发展的首选。当然，高层建筑的建立也标志着中国经济的发展水平。人们很容易在发达的城市和高层建筑中展现出一定的景观水平。人们可以很容易地将城市与高层建筑的景观联系起来。这也需要巨大的财政支持。同时，高层建筑虽然有很多优势，但是仍不能作为城市化普及的标准转型模式。高层建筑应注重实事求是的原则，与当地人口和环境容量相辅相成，辩证地分析当地建筑最适合的建筑模式。在目前的情况下，我国高层建筑在稍大一些的城市并不少见。

近年来，我国高层建筑的数量和质量均有显著提升。截至 2024 年，我国已建成 20 层以上的高层建筑超过 1 万栋，其中高度超过 150 米的建筑超过 3000 栋，300 米以上的超高层建筑达 106 栋，450 米以上的建筑有 12 栋。目前，中国最高的建筑是位于上海的上海中心大厦，地上 127 层，建筑高度 632 米，是世界第二高的建筑。

（二）土木铁路的发展

公路建设是经济发展的必要手段，它是城市和其他地方城市的纽带。如果没有公路建设的发展，那么这个地方的经济发展将陷入瘫痪，可以说，公路是国家的血管，是生存和发展的必经之路。同样，国家的繁荣也离不开经济的发展，经济的发展离不开交通。我们经常说，要致富，先修路，由此可见，改善交通设施对经济发展是必不可少的。中国是一个工业多元化的大国，工业农业的生存和发展与其他产业和道路的发展密不可分，在公路上分享区域资源，以及公路的区域分布和分配的一个重要途径，是公路向各个方向延伸的重要性。公路运输功能为我国各行业的商品流通提供了一种手段。

二、土木工程的发展趋势

（一）空间发展

随着城市化进度的不断推进，城市的规模也越来越大，而且城市面临的人口压力也越来越大，因此许多大城市都面临着土地利用紧张、交通拥堵、生态失衡、环境恶化等一系列“城市疾病”。这些问题严重影响了城市的住房、经济发展和社会进步。面对这些棘手的问题，最好的解决办法就是土木工程建设向地下和高空发展，这样可以节约大量的土地资源。而且地下空间资源是一个很大的开发空间。只要合理开发地下空间，就可以有效地节约更多的土地资源。此外，土木工程的多向发展也是解决城市土地利用问题的途径之一。

（二）信息化发展

未来土木工程的发展趋势是面向信息化。现如今大数据、人工智能等信息化技术已经开始渗透到各个领域，带动行业的快速发展。因此，信息技术是推动土木工程发展的技术之一，它可以将与工程相关的信息和重要的人、事、物输入计算机，形成一套独立的项目管理信息系统，这样可以方便管理项目需要。信息化过程可以使得土木工程减少施工过程中的重大错误，而且可以极大提高施工效率，可以减少施工单位的开销，使得企业利润最大化。

（三）高性能材料发展

建筑材料对于建筑的质量和合理是至关重要的因素。一般的复杂结构是由材料和设计结构共同决定的，未来土木工程的钢材应朝着高强度、高塑性、高韧性和可焊性的方向发展；混凝土和其他复合材料也将朝着重量轻、强度高、韧性好、易加工的方向发展。未来一定会不断地有高强度、轻重量的新材料出现，这必将为现代土木工程建设的新趋势提供物质基础。更好地促进建筑行业的发展。

（四）建筑多元化的发展

建筑的类型受到很多限制，包括建筑材料、建筑结构等。随着科学技术的发展，建筑材料的进一步改进和丰富，为土木工程提供了更多可实现的建筑类型。建筑类型多样化是解决当前环境问题、能源和土地矛盾的重要突破。此外，新型建筑可以解决目前面临的能源危机，也可以满足更多的人对各种活动的需求，这样的建设是未来发展的必然趋势。随着各种建筑的出现，也为土木工程提供了建筑参考材料，网络结构和大跨度建筑的出现，将为未来的建筑类型提供新的方向。

（五）设计精确化

精确性是土木工程设计的一个要求，通过设计的精确性，可以缩短工程施工时间，减少工程成本，提高工程质量。在以后的土木工程建筑设计中，设计的精确性不单单要体现在设计建筑的数据分析上，还应该体现在对不确定因素的检测上，通过化学、物理知识，运用数学分析方式，对流体介质受力状况进行分析。

第二章　土木工程建设管理计划

第一节　土木工程建设的基本程序

一、土木工程建设基本程序的内涵

工程项目的建设过程经历若干阶段，这些阶段有严格的先后次序，不能颠倒，必须共同遵守，这个次序就是土木工程项目建设的基本程序。建设程序反映了建设项目发展的内在规律和过程，几十年的基本建设正反两方面的经验和教训告诉我们，违反建设程序，工程就会出乱子，甚至会带来无法挽回的重大损失。

土木工程建设活动是在一定时间、一定地域和空间进行的，程序上一般可分为投资决策阶段、勘察设计阶段、建设准备阶段、项目施工阶段、工程验收和交付使用阶段五个阶段。

（一）投资决策阶段的基本程序

这个阶段包括项目建议书、可行性研究等内容。

1. 项目建议书的主要内容探究

项目建议书是建设单位向主管部门提出的要求建设某一项目的建议性文件，是对拟建项目的轮廓设想，是从拟建项目的必要性及大方面的可能性加以考虑的设想。

项目建议书经批准后，并不说明项目非上不可，只是表明项目可以进行详细的可行性研究工作，它不是项目的最终决策。为了进一步搞好项目的前期工作，从编制“八五”计划开始，在项目建议书前又增加了项目探讨阶段，凡是重要的大中型项目都要进行项目探讨，经探讨研究初步可行后，再按项目隶属关系编制项目建议书。

项目建议书的内容，视项目的不同情况而有繁有简。一般应包括以下几个方面。

（1）建设项目提出的必要性和依据；

（2）建设方案、拟建规模和建设地点的初步设想；

（3）资源情况、建设条件、协作关系等的初步分析；

（4）投资估算和资金筹措设想；

（5）经济效益和社会效益的估计。

项目建议书按要求编制完成后，按照建设总规模和限额的划分审批权限，报批项目建议书。

最近十年，随着人们环保意识的提升，项目环境评价的内容逐渐引入到项目建议书之中。需要在项目中充分体现绿色发展理念，关注项目对生态环境的影响，确保项目在实施过程中遵循国家环保政策，实现经济、社会和生态的协调发展。同时，对于管理水平和人才引进的需求也成了项目建议书的一个重要内容。项目建议书需要充分借鉴国内外先进的项目管理经验，明确项目组织结构、任务分工、进度控制、风险管理等环节，提高项目的管理水平，确保项目的顺利实施。项目建议书需要关注项目实施过程中的人才培养和引进，明确项目对人才的需求和培养措施，以保障项目的顺利实施和长期发展。

2. 项目的可行性研究

可行性研究是在项目建议书批准后着手进行的，是对项目在技术上是否可行和经济上是否合理进行科学的分析和论证。我国从 20 世纪 80 年代初将可行性研究正式纳入建设程序和前期工作计划，规定大中型项目、利用外资项目、引进技术和设备进口项目都要进行可行性研究。其他项目有条件的也要进行可行性研究。通过对建设项目在技术和经济上的合理性进行全面分析论证和多种方案比较，提出评价意见，写出可行性报告。凡是可行性研究未通过的项目，不得进行下一步工作。

各类建设项目可行性的内容不尽相同，一般工业建设项目的可行性研究应包括以下几个方面的内容。

（1）项目提出的背景、项目概况、问题与建议等；

（2）产出品与投入品的市场预测（容量、价格、竞争力和市场风险等）；

（3）资源条件评价（资源开发项目包含此项，内容有资源可利用量、品质、赋存条件）；

（4）建设规模、产品方案的技术经济评价；

（5）建厂条件和厂址方案；

(6) 技术方案、设备方案和工程方案；

(7) 主要原材料、燃料供应；

(8) 总图布置、场内外运输与公用辅助工程；

(9) 能源和资源节约措施；

(10) 环境影响评价；

(11) 劳动安全卫生与消防；

(12) 组织机构与人力资源配置；

(13) 建设工期和项目实施进度；

(14) 投资估算及融资方案；

(15) 经济评价（财务评价和国民经济评价）；

(16) 社会评价和风险分析等。

可以看出，建设项目可行性研究主要有三个方面的内容。一是市场研究，主要任务是解决项目的“必要性”问题；二是技术研究，主要解决项目在技术上“可行性”问题；三是效益研究，主要解决经济上的“合理性”问题。市场研究、技术研究和效益研究是构成项目可行性研究的三大支柱。

3. 可行性研究报告的审批

编制可行性研究报告是在项目可行性的研究分析基础上，选择经济效益最好的方案进行编制，它是确定建设项目、编制设计文件的重要依据。原基本建设程序中可行性研究报告是对外资项目而言，内资项目则称为设计任务书。

(1) 可行性研究报告的编制程序。建设单位根据国家经济发展的长远规划、经济建设的方针任务和技术经济政策，结合资源情况、建设布局等条件，在广泛调查研究、收集资料、踏勘建设地点、初步分析投资效果的基础上，提出需要进行可行性研究的项目建议书和初步可行性研究报告。当项目建议书经国家发展与改革部门、贷款部门审定批准后，该项目即可立项。建设单位就可以委托有资格的工程咨询单位（或设计单位）进行可行性研究。

《可行性研究报告》必须真实准确，深度要规范化和标准化。被委托的研究单位对报告质量负责。可行性研究报告经批准后，不得随意修改和变更。经过批准的可行性研究报告是初步设计的依据。

(2) 可行性研究报告的审批。根据《国务院关于投资体制改革的决定》(2004)，政府对于建设项目的管理分为审批、核准和备案三种方式。

①对于政府直接投资或资本金注入方式的，继续审批项目建议书、可行性研究报告。采用投资补助、转贷或贷款贴息方式的，不再审批项目建议书和可行性研究报告，只审批资金申请报告，即只对核准或备案后的资金申请报告是否给予资金支持进行批复，不再对是否允许项目建设提出意见。

②对于不使用政府性资金投资的建设项目，区别不同情况实行核准制和备案制。其中，政府对重大项目和限制类项目从维护社会公共利益角度进行核准，其他项目无论规模大小均为备案制。《政府核准的投资项目目录》对于实行核准制的范围进行了明确界定。

③对于外商投资项目和境外投资项目，除中央管理企业限额以下投资项目实行备案管理以外，其他均需政府核准。

（二）勘察设计阶段

工程勘察范围包括工程项目岩土工程、水文地质勘察和工程测量等。通常所说的设计勘察工作是在严格遵守技术标准、法规的基础上，对工程地质条件做出及时、准确的评价，为设计，乃至施工提供可供遵循的依据，最终成果是地质勘察报告。

设计文件是指工程图纸及说明书，它一般由建设单位通过招标或直接委托设计单位编制。编制设计文件时，应根据批准的可行性研究报告，将建设项目的要求逐步具体化为可用于指导工程施工的图纸及其说明书。对一般不太复杂的中小型项目采用两阶段设计，即扩大初步设计（或方案设计）和施工图设计；对重要的、复杂的、大型的项目，经主管部门指定，可采用三阶段设计，即初步设计（或方案设计）、技术设计（或初步设计）和施工图设计。

初步设计是对批准的可行性研究报告所提出的内容进行概略的设计，做出初步规定（大型、复杂的项目，还需要绘制建筑透视图或制作建筑模型）。技术设计是在初步设计的基础上，进一步确定建筑、结构、设备、防火、抗震等的技术要求，工业项目需要解决工艺流程、设备选型及数量确定等重大技术问题。施工图设计是在前一阶段的基础上进一步形象化、具体化、明确化，完成建筑、结构、水、电、气、工业管道等全部施工图纸以及设计说明书、结构计算书和施工图预算等，工艺方面，要具体确定各种设备的规格及非标准设备的制造加工图。设计阶段有自身的质量、进度、成本目标，还有建设项目的投资目标。

根据建设部2000年颁布《建筑工程施工图设计文件审查暂行办法》的规定，建设单位应当将施工图报送建设行政主管部门，由建设行政主管部门委托有关审查机构，进行结构安全和强制性标准、规范执行情况等内容的审查。施工图一经审查批准，不得擅自进行修改，如遇特殊情况需要进行涉及审查主要内容的修改时，必须重新报原审批部门，由原审批部门委托审查机构审查后再批准实施。

（三）建设准备阶段

建设项目在实施前须做好各项准备工作，其主要内容是：征地拆迁和三通一平；设备、材料订货；准备必要的施工图纸；委托监理及造价咨询单位；组织施工招投标，择优选定施工单位；办理开工报建手续等。建设单位的准备工作，往往贯穿项目建设多个阶段甚至建设全过程，而不作为一个建设阶段看待。

（四）施工阶段

项目施工阶段是根据设计图纸，进行建筑安装施工。建筑施工是基本建设程序中的一个重要环节。要做到计划、设计、施工三个环节互相衔接，投资、工程内容、施工图纸、设备材料、施工力量五个方面的落实，以保证建设计划的全面完成。

施工前要明确工程质量、工期、成本、安全、环保等目标，认真做好图纸会审工作，编制施工组织设计和施工预算，进行资源计划。施工中要严格按照施工图施工，如需要变动应取得设计单位同意，要坚持合理的施工程序和顺序，严格执行施工验收规范，按照质量检验评定标准进行工程质量验收，确保工程质量。对质量不合格的工程要及时采取措施处理，不留隐患。不合格的工程不得交工。施工单位必须按合同规定的内容全面完成施工任务。

（五）竣工验收及交付使用阶段

按批准的设计文件和合同规定的内容建成的工程项目，其中生产性项目经负荷试运转和试生产合格，并能够生产合格产品的，非生产性项目符合设计要求，能够正常使用的，都要及时组织竣工验收，办理移交手续，交付使用。

建设单位在收到施工单位的工程验收报告后，负责组织施工、设计、监理等单位进行工程竣工验收。建设工程竣工验收应当具备下列条件。

（1）完成建设工程设计和合同约定的各项内容；

（2）有完整的技术档案和施工管理资料；

（3）有工程使用的主要建筑材料、建筑构配件和设备的进场试验报告；

（4）有勘察、设计、施工、监理等单位分别签署的质量合格文件；

（5）有施工单位签署的工程保修书。

二、工程建设阶段必须要遵守的法律法规

（一）建设法规的作用

建设法规是指国家权力机关或其授权的行政机关制定的，旨在调整国家、企事业单位、社会团体、公民之间在建设活动中或建设行政管理活动中发生的各种社会关系的法律法规的总称。建设法规即建设工程的法律规范，它是调整土木工程、交通工程等建设活动中发生的建设管理及建设协作关系的法律规范的总称。

这些构成建设工程的法律法规规范着工程建设的不同领域，从横向上涵盖了建设工程项目的全过程管理，纵向上包含了项目管理的主要内容，既是项目管理人员、技术人员进行工程建设所要遵守的准则，也是项目管理人员、技术人员维护自身合法权益，获得最大经济效益和社会效益的有力武器。

任何法律都以一定的社会关系为其调整对象。工程建设法规的调整对象即工程建设关系，也就是发生在工程建设活动中的各种社会关系。它主要体现在建设工程行政管理关系、建设工程平等主体的协作关系两个方面。

建设工程行政管理关系是指建设工程的计划、组织、调控、监督等关系，具体指规范工程项目建设程序、建设工程投资、建设工程招投标、建设工程质量监督、建筑市场、建设工程监理、建设工程合同管理等。此外，国家还要通过财政、金融、审计、会计、统计、物价、税收等手段监督、管理、规范建设工程活动。

建设工程平等主体的协作关系主要体现在建设工程合同的签订与履行中，如勘察设计单位与建设单位的勘察设计合同关系，建筑业企业与建设单位的工程施工合同关系，以及建设单位、勘察设计单位、建筑安装单位、工程咨询单位、材料设备供应单位在建设活动中相互间的协作关系。

建设活动应当确保建设工程质量与安全，这是建设法规的基本原则。建设工程质量与安全是整个建设活动的核心，是关系到人民生命、财产安全的重大问题。建设工程质量是指国家规定和合同约定的对建设工程适用、安全、经济、美观等一系列指标的要求。建设活动确保建设工程质量就是确保建设工程符合有关安全、经济、美观等

各项指标的要求。建设工程的安全是指建设工程对人身的安全和财产的安全。总之，建设活动应当符合国家工程建设强制性标准；从事建设活动应当遵守法律法规，不得损害社会公共利益和他人的合法权益；遵循市场经济规律原则。

（二）工程建设法律关系

工程建设法律关系的构成要素是指工程建设法律关系不可缺少的组成部分。任何法律关系，都是由法律关系主体、法律关系客体和法律关系内容三个要素构成的，缺少其中任何一个要素就不能构成法律关系。由于三要素的内涵不同，所以组成不同的法律关系，诸如民事法律关系、行政法律关系、建设技术法规等。

1. 工程建设法律关系主体

工程建设法律关系主体是指参加工程建设活动，受工程建设法律规范调整，在法律上享有权利、承担义务的人。

（1）国家机关。

国家权力机关是指全国人民代表大会及其常委会和地方人民代表大会及其常委会。国家权力机关参加工程建设法律关系的职能是审查国家建设计划和国家预决算，制定和颁布工程建设法律，监督检查各项工程建设法律的执行。

行政机关是依照国家宪法和法律设立的依法行使国家行政职权、组织管理国家行政事务机关。它包括国务院及其所属各部委、地方各级人民政府及其职能部门。

（2）社会组织。

①建设单位。建设单位是指进行工程建设的企业和事业单位。由于建设项目的多样性，作为建设单位的社会组织也是种类繁多。有工业企业、农牧企业、商业企业、交通企业、国家机关等。建设单位作为建设活动的权力主体，是从设计任务书批准开始的。任何一个社会组织，当它的建设项目尚未被正式审批（核准、备案）之前，它是不能以权利主体的资格参加工程建设活动的。当建设项目编有独立的总体设计并单独列入建设计划，获得国家批准时，这个社会组织方能成为建设单位，以已经取得的法人资格及自己的名义对外进行经济活动和法律行为。建设单位作为工程建设的需要方，是建设投资的支配者，也是工程建设的组织者和监督者。

②勘察设计单位。勘察设计单位是指从事工程勘察设计工作的各类设计院所（公司）等。我国有勘察设计合一的机构，也有分立的勘察和设计机构。根据建设部令发布的《建设工程勘察设计企业资质管理规定》，国家对工程勘察、设计企业的资质等

级及业务范围规定如下。

工程勘察企业。工程勘察企业资质分类：工程勘察综合资质、工程勘察专业资质、工程勘察劳务资质。

工程设计企业。工程设计企业资质分类：工程设计综合资质、工程设计行业资质、工程设计专项资质。

建筑业企业。建筑业企业，是指从事土木工程、交通工程、水利工程、电力工程等的新建、扩建、改建活动的企业。关于建筑业企业的资质，根据建设部令第 87 号，建筑业企业资质分为施工总承包、专业承包和劳务分包三大系列：总承包序列企业资质是特级、一级、二级、三级共四个等级，分为 12 个资质类别；专业承包序列企业资质设二至三个等级，60 个资质类别；劳务分包序列企业资质设一至两个等级，13 个资质类别。

工程监理公司。工程监理公司是指依法登记注册取得工程监理资质，承接工程监理任务，为项目法人提供高层次项目管理咨询服务的经济组织。

材料、设备生产厂商。包括建筑材料、构配件、工程用品与设备的生产厂家和供应商。他们为项目提供生产要素，其交易过程、产品质量、价格、服务体系，直接关系到项目投资、质量和进度目标。

③公民。公民个人在建设活动中也可以成为建设法律关系的主体，如建筑企业工作人员同企业签订劳动合同时，即成为建设法律关系主体。

2. 工程建设法律关系客体

工程建设法律关系客体是指工程建设法律关系主体享有的权利和承担的义务所共同指向的对象。在通常情况下，工程建设主体都是为了某一客体，彼此才设立一定的权利、义务，从而产生工程建设法律关系，这里的权力、义务所指向的对象，便是工程建设法律关系的客体。工程建设法律关系的客体分为四类。

（1）表现为财的客体。财一般指资金及各种有价证券。在工程建设法律关系中表现为财的客体主要是建设资金，如基本建设贷款合同的标的，即一定数量的货币。

（2）表现为物的客体。在工程建设法律关系中表现为物的客体主要是指建筑材料，如钢材、木材、水泥等及其构成的建筑物，还有建筑机械设备等。

（3）表现为行为的客体。在工程建设法律关系中，行为多表现为完成一定的工作，如勘察设计、施工安装、检查验收等活动，如工程承包合同的标的即按其完成一定质量要求的施工行为。

（4）表现为非物质财富的客体。在工程建设法律关系中，如设计单位提供的具有创造性的设计图纸，该设计单位依法可以享有专用权，使用单位未经允许不能无偿使用。

3. 工程建设法律关系的内容

工程建设法律关系的内容即工程建设权力和工程建设义务。工程建设法律关系的内容是工程建设主体的具体要求，决定着工程建设法律关系的性质，它是联结主体的纽带。

（1）工程建设权力。工程建设权力是指工程法律关系主体在法定范围内，根据国家建设管理要求和自己业务活动需要有权进行各种工程建设活动。权利主体可要求其他主体做出一定的行为和抑制一定的行为，以实现自己的工程建设权力，因其他主体的行为而使工程建设不能实现时，有权要求国家机关加以保护并予以制裁。

（2）工程建设义务。工程建设义务是指工程建设法律关系主体必须按法律规定或约定应负的责任。工程建设义务和工程建设权力是相互对应的，相应主体应自觉履行建设义务，义务主体如果不履行或不适当履行，就要受到制裁。

（三）工程建设法律关系的产生、变更和消灭

工程建设法律关系的产生是指工程建设法律关系主体之间形成了一定的权利和义务关系。如某建设单位与施工单位签订了土木工程承包合同，主体双方就产生了相应的权利和义务，此时受工程建设法律规范调整的工程建设法律关系即告产生。工程建设法律关系的变更是指工程建设法律关系的要素发生变化。工程建设法律关系的消灭是指工程建设法律关系主体之间的权利义务不复存在，彼此丧失了约束力。

工程建设法律关系只有在一定的情况下才能产生，而这种法律关系的变更和消灭也是由一定的情况决定的。这种引起工程建设法律关系产生、变更和消灭的情况（包括事件、行为）通常称之为法律事实。不是任何事实都可成为工程建设法律事实，只有当工程建设法规把某种客观情况同一定的法律后果联系起来时，这种事实才被认为是工程建设法律事实，成为产生工程建设法律关系的原因，从而和法律后果形成因果关系。

（四）建设法规的内容

建设法规的内容涉及各类建设部门，如城建规划、市政公用、村镇建设、房地产、

工商及交通建设、水利建设以及相关的土地资源、矿产资源、环境保护等。建设领域从业人员的基本职业道德，要求其执业中自觉遵守有关的法律法规。

1. 建设行政法规

建设行政法规是指国家制定或认可，体现人民意志，由国家强制力保证实施的并由国家建设管理机构从宏观上、全局上管理建筑业的法律法规。它在建设法律法规中居主要地位。如《中华人民共和国建筑法》及国务院为贯彻该法颁布的《建设工程质量管理条例》《建设工程安全生产管理条例》《建设工程环境管理条例》。再如《中华人民共和国城市规划法》及工程设计、税收等方面的法律法规。

2. 建设民事法律

建设民事法律是指国家制定或认可的，体现人民意志的，由国家强制力保证其实施的调整平等主体的公民之间、法人之间、公民与法人之间的建设关系的行为准则。如《中华人民共和国合同法》《中华人民共和国公司法》等。

3. 建设技术法规

建设技术法规是指国家制定或认可的，由国家强制力保证其实施的工程建设规划、勘察设计、施工、检测、验收、咨询服务等技术规程、规范、标准、定额等规范性文件。如设计规范、施工质量验收规范、定额等。

第二节　土木工程建设的框架结构设计

“设计”是为了满足人们对某些事物的功能要求。土木工程的基本功能应具有两个方面：一是提供良好的人类生活和生产服务以满足人们使用要求、审美要求；二是承受和抵御工程服役过程中可能出现的各种环境作用（包括结构所承受的各种作用）。

一、土木工程框架结构设计的基本理念探究

人类社会的发展，派生出对一个一个的工程项目需求，比如城市化进程，要求建设大量的工厂、住宅、道路、垃圾与污水处理厂等。假设有一条河流穿越某市，现在要解决两岸人们的交通问题。可以设想采用渡轮，也可以设想架设桥梁，还可以设想开凿河底隧道来解决这个问题。哪种方案比较好呢？显然，涉及对方方面面问题的考虑，取决于城市文化、居民生活习惯、过河方式实现的代价等。

即使你选择了造桥的方式来解决问题，接下来又会遇到桥的位置选择，这与该市的道路网络情况有关。还有造什么样的桥，是混凝土桥还是钢桥，是拱桥还是悬索桥等一系列问题。当式样确定以后，又要对桥梁的结构进行分析演算，要考虑什么样的材料、采用多少材料才能满足桥的功能和外观要求，进而为桥梁建设者绘制桥梁施工图等技术文件，最终使得建成的桥梁满足当初人们的需要。所有这些都是在设计上需要考虑的问题。

一般来讲，一项好的设计应该包含如下内容：首先要能够完全地、安全地满足客户的使用要求；其次要在经济上合理，建设投资或包含建成使用期维护保养的全寿命周期成本比较低；有条件的话，要注重符合审美要求。

“设计”需要在以上问题中寻求平衡点，实际上，设计就是一项以满足顾客各种不同要求为目的而不断优化的过程，它要求集成上述所有内容到最终工程产品上，使得产品最有效、最经济、最美观。

综上所述，从设计要求看，工程建设可以简单总结为：问题提出、项目调查、初步设计、规划批准、详细设计、施工图绘制、工程建造等几个步骤。一个好的土木工程设计师不仅仅是会进行结构计算，同时要具备全局性、创造性的精神和意识。

二、土木工程的框架结构设计

（一）框架结构设计的基本要求

一幢建筑物或构筑物能建造起来，必须进行设计与结构计算。设计与结构计算的目的一般有两个：一个是满足使用要求，另一个是经济成本控制。其中满足使用要求又可分为两个方面考虑，首先要保证建筑物或构筑物在施工过程中和建成以后安全可靠，结构构件不会破坏，整个结构不会倒塌。其次要满足使用者提出的适用性要求，如建筑物的梁变形太大，虽然其没有破坏但其粉刷层会破坏，站在下面的人将会感觉很不安全，不敢停留，这就不能满足人的适用性要求，再比如厂房里的吊车梁，如果变形太大，吊车将会卡轨，无法使用，这是不能满足机械的适用性要求。所谓经济问题，即如何用最经济的方法实现上述的安全可靠性和适用性，将建筑物的建造费用降至最低。结构的安全可靠性、使用期间的适用性和经济性是对立统一的，也是我们结构设计所研究和考虑的主要问题。

结构的安全可靠性，指建筑结构达到极限状态的概率是足够小的，或者说结构的安全保证率是足够大的。其中的极限状态，指整个建筑或结构的一部分超过某一特定状态就不能满足设计规定的某一功能要求，此特定状态称为该功能的极限状态。极限状态可分为两类，一类是承载能力极限状态，另一类是正常使用极限状态。承载能力极限状态是结构或构件达到了最大的承载能力（或极限强度）时的极限状态，如混凝土柱被压坏，梁发生断裂等，正常使用极限状态是结构或构件达到了不能正常使用的极限状态，如梁发生了过大的变形，或裂缝太大，或在不允许出现裂缝的构筑物中如水池中产生裂缝等。

我国目前的有关规范对结构设计制定了明确规定，即建筑结构必须满足下列各项功能要求。

①能承受在正常施工和正常使用时可能出现的各种作用；

②在正常使用时具有良好的工作性能；

③在正常维护下具有足够的耐久性能；

④在偶然事件发生时及发生后，仍能保持必需的整体稳定性。

（二）结构设计的基本原则

结构必须能够承受和抵御服役期间的各种作用，在规定的时间（设计使用年限）、规定的条件下（正常设计、施工、使用、维修）必须保证完成预定的功能。综上所述，这些功能包括如下。

（1）安全性。在正常施工和正常使用时，能承受可能出现的各种作用。并且在设计规定的偶然事件（如地震、爆炸）发生时及发生后，仍能保持必需的整体稳定性。所谓整体稳定性，系指在偶然事件发生时及发生后，建筑结构仅产生局部的损坏而不致发生连续倒塌。

（2）适用性。在正常使用时具有良好的工作性能。如不产生影响使用的过大的变形或振幅，不发生足以让使用者产生不安的过宽的裂缝。

（3）耐久性。在正常维护下具有足够的耐久性能。结构在正常维护条件应能在规定的设计使用年限满足安全、实用性的要求。

上述对结构安全性、适用性、耐久性的要求总称为结构的可靠性。结构可靠性的概率度量称为结构的可靠度。也就是说，可靠度是指在规定的时间内和规定的条件下，结构完成预定功能的概率。结构的设计并不是要结构100%安全，那是不经济的，而是保证结构的失效概率达到人们心理可接受的程度。

我国现行规范采用了半概率的极限状态设计方法，即在同时考虑极限状态的发生概率和工程经验的基础上，对荷载取值、构件强度以安全因数加以保证。如《建筑结构荷载规范》中的荷载值是指结构在正常使用条件下，或在一定使用期间可能出现的最大荷载，但偶然情况下，结构可能受到的荷载要超出这个最大荷载，于是规范采用“荷载安全因数”，将设计荷载增大。规范中构件的强度值是按 97.73%保证率规定的，但在正常情况下，由于施工误差、材料不均匀性等方面因素的影响，所以需考虑“构件强度安全因数”。按结构的重要性，还需考虑“附加安全因数”。

第三节　土木工程建设的项目管理

一、土木工程项目管理的内涵

（一）项目管理的发展历史

1. 传统项目管理阶段

从 20 世纪 40 年代中期到 60 年代，主要是应用于国防工程建设和工民建工程建设。传统项目管理方法是致力于项目预算、规划和为达到特定目标而借用的一些运营管理的方法，在相对较小的范围内所开展的一种管理活动。从 60 年代起，建立起两大国际性项目管理协会，即以欧洲为主的国际项目管理协会（International Project Management Association，IPMA）和以美国为首的美国项目管理协会（Project Management Institute，PMI）以及各国相继成立的项目管理协会，为推动项目管理的发展发挥了积极的作用，作出了卓越的贡献。

2. 现代项目管理阶段

80 年代之后，项目管理进入现代项目管理阶段，项目管理的应用领域在这一阶段也迅速扩展到社会生产与生活的各个领域和各行各业，并且在企业的战略发展和日常经营中的作用越来越重要。今天，项目已经成为社会创造精神财富、物质财富和社会福利的主要方式，所以现代项目管理也成为发展最快和使用最为广泛的管理领域之一。

3. 两种项目管理范式的区别

现代项目管理范式在管理思想的适用性、管理方法的科学性和应用领域的宽广性等方面更加适应信息社会和知识经济的需要。

（二）项目的基本概念

项目管理是通过项目经理和项目组织的努力，运用系统理论和方法对项目及其资源进行计划、组织、协调、控制，以实现项目的特定目标的管理方法体系。

1. 项目管理的根本目的

项目管理的根本目的是需要满足或超越建设项目相关利益主体的要求与期望。

两层含义：项目管理者必须按照建设项目相关利益主体的要求和期望去开展建设项目的管理；项目管理者必须充分识别和管理好建设项目相关利益主体的各种要求与期望。

2. 项目管理的特点

项目管理的对象是项目或被看作项目来处理的运作。项目管理的全过程都贯穿着系统工程的思想。项目管理的组织具有特殊性。项目管理的体制是一种基于团队管理的个人负责制。项目管理的方式是目标管理。项目管理的要点是创造和保持一种使项目顺利进行的环境。项目管理的方法、工具和手段具有先进性、开放性。

二、土木工程项目管理的人才组织

（一）项目的组织系统

组织对于项目成功的影响是很重要的，组织的系统、结构、文化和风格都可能对项目产生影响。以项目为基础的组织，是通过为其他组织承担项目来获取收入的组织，例如建筑设计公司、工程设计公司、咨询公司、建筑施工单位、政府分包商等；不以项目为基础的组织，缺乏以项目为导向的组织，通常是持续运作型的组织，例如生产型企业、金融服务公司等。这种组织常常不重视项目管理系统，会使项目管理的实施难度加大。

（二）项目的组织结构

任何一个组织都是为完成一定的使命和实现一定的目标而设立的，由于每个组织的使命、目标、资源、条件和所处的环境不同，导致他们的组织结构也会不同。组织的结构会对取得项目资源的可能性有所影响，从而确定有多少高级管理权限能够分配给项目经理。组织结构从大类上可以按照从面向功能到面向项目的程度划分为直线职能型、矩阵型、项目型和组合型四类。

（三）项目团队

1. 项目团队的定义

项目团队是由一组个体成员组成的协同工作队伍，他们的主要目的是为实现一个具体项目的目标而共同努力。项目团队的成员通常具备不同的技能、知识和专业背景，他们通过协作、沟通和分工合作，共同完成项目任务。

在项目管理中，建立一个高效、协同的项目团队是实现项目目标的关键因素之一。项目经理需要具备团队管理和领导能力，激发团队成员的潜力，促进团队协作，以确保项目顺利进行。

2. 项目团队的特性

项目团队是为完成特定的项目而设立的专门组织，具有很强的目的性。项目团队是一次性临时组织，项目团队强调的是团队精神和团队合作，项目团队具有渐进性和灵活性等方面的特性，项目团队的成员有时同时接受双重领导。

项目团队的核心特点如下。

（1）目标导向：项目团队的成员围绕着一个明确的项目目标进行工作，共同努力实现这一目标。

（2）协同工作：项目团队成员之间需要进行密切的协同合作，共享资源和信息，互相支持和协助，以提高工作效率。

（3）跨专业背景：项目团队成员通常来自不同的专业领域，具备多样化的知识和技能，这有助于项目在多方面得以顺利完成。

（4）动态调整：根据项目需求和进展，项目团队可能会进行人员调整，包括增加或减少成员、调整职责和分工等。

（5）临时性：项目团队通常是为了完成某一特定项目而组建的，项目结束后，团队可能会解散或转型为其他项目团队。

（6）责任制：项目团队成员需要对自己的工作和职责负责，同时也要对整个项目的成功与否负责。

(四) 项目经理——项目组织的灵魂人物

1. 项目经理的角色与职责

土木工程项目经理的角色与职责主要包括以下几个方面。

(1) 项目策划与定位：项目经理需要配合公司参与项目前期方案策划定位，对项目进行整体规划和管理。

(2) 设计与单位管控：项目经理需要对设计方进行有效管控，根据市场要求向设计单位提出设计修改指导，并对设计单位的方案进行优化。

(3) 技术交底与设计变更管理：项目经理需要对内进行技术交底及设计变更管理工作，确保项目技术的准确性和可行性。

(4) 制定与审核设计进度：项目经理需要制定、审核设计进度，督促设计公司按进度完成各阶段工作。

(5) 团队管理与协调：项目经理需要组建和管理项目团队，协调各方资源，确保项目顺利进行。

(6) 成本与预算控制：项目经理需要对项目的成本和预算进行有效控制，确保项目在预算范围内完成。

(7) 质量与安全监管：项目经理需要确保项目质量符合相关标准和法规要求，同时关注项目安全，确保项目安全顺利进行。

(8) 沟通与协调：项目经理需要与项目团队成员、客户、上级领导以及其他部门的人员进行有效沟通，协调各方关系，确保项目顺利进行。

(9) 风险管理：项目经理需要识别和评估项目风险，并制定相应的风险应对措施，确保项目稳定进行。

(10) 项目总结与评估：项目经理需要在项目结束后进行项目总结与评估，分析项目的成功与不足，为今后的项目提供借鉴。

总之，土木工程项目经理需要具备丰富的专业知识、良好的沟通协调能力、较强的组织管理能力和抗压能力，确保项目在预算范围内按时优质地完成。

2. 项目经理的素质要求

当代社会土木工程建设面临的环境非常复杂，这就要求项目经理必须具备解决预防和解决复杂问题的能力，因此项目经理的素质应包括以下几个方面。

（1）专业知识和实践经验：项目经理需要具备丰富的专业知识和实践经验，以便对项目进行有效的管理和决策。这包括了解相关行业的基本原理、工艺标准、工程规范等。

（2）经济管理能力：项目经理需要具备一定的经济管理知识，以便对项目的成本、预算等进行有效的控制和管理。

（3）法律知识：项目经理需要了解相关法律法规，以确保项目的合规性和避免法律风险。

（4）安全技术知识：项目经理需要了解项目所在领域的安全技术措施和相关规定，以确保项目的安全进行。

（5）敬业和抗压能力：项目经理需要具备敬业精神和良好的抗压能力，能够承受工作压力，积极应对各种挑战。

（6）沟通和协调能力：项目经理需要具备良好的沟通和协调能力，以便与项目团队成员、客户、上级领导以及其他部门的人员进行有效沟通，确保项目的顺利进行。

（7）组织和管理能力：项目经理需要具备强大的组织和管理能力，能够制订详细的项目计划，安排资源，并确保项目按时按质地完成。

（8）决策和领导能力：项目经理需要具备决策和领导能力，能够对项目进行有效的指导，激励团队成员，确保项目目标的实现。

（9）分析和解决问题的能力：项目经理需要具备良好的分析和解决问题的能力，能够迅速识别并解决项目中的各种问题。

（10）职业素养和原则性：项目经理需要具备较高的职业素养和原则性，能够坚守职业道德，维护项目的合法权益。

第三章　土木工程的分项管理

第一节　项目施工合同管理

建设工程合同是土木工程、桥梁工程、水利建设工程等所有工程建设合同的总称。建设工程合同是承包人进行工程建设，发包人进行资金支付的凭证。建设工程属于承揽合同的一种，是与工程有关的工程勘测、设计、施工合同有关的合同的总体管理。加强建设中的合同管理，能提高工程管理和社会综合效益。

一、土木工程建设中加强合同管理的意义

（一）加强合同管理是规范各个参建方行为的需要

在当今市场经济市场条件下，建筑市场经济活动交易是经济发展的支柱。但是经济条件下的建筑行业诚信经营和法治观念缺失现象十分严重，不正当竞争、豆腐渣工程事件屡见不鲜，承包双方之间履行合同的自律性极差。而我国现阶段下经济市场的机制又不能完全发挥自身的功能，使得建筑行业的市场经济秩序更加不规范。因此，政府在工程建设中加强对建设施工合同的管理，规范建筑行业的市场交易行为，才能在经济快速发展的同时使建筑行业走上健康竞争发展的道路。

（二）加强合同管理是市场经济的要求

我国社会主义市场经济在进一步完善，加上政府职能的不断转变，政府在宏观调控市场的同时也开始运用法律法规、经济市场的自身调节来进一步管理建筑行业了，而行政命令的干涉逐渐地消失。建筑行业市场主体是承包商，那么建筑行业的生产管理活动就必须按照市场经济的规律运行，而强化合同管理则是其管理中最为关键的部

分，这和经济有直接挂钩。因此，加强建设施工过程中的合同管理，是市场经济的必然要求。

（三）加强合同管理是项目建设一切管理的基础

合同管理在建筑工程项目中具有至关重要的地位。它是确保工程质量、进度和成本控制的基础，同时也关系到人力资源、沟通协调以及工程风险管理等多个方面。以下是加强合同管理是实现建筑工程项目顺利实施的关键的原因。

第一，明确土木工程项目建设过程中各方的权责：合同管理有助于明确项目各方（如发包人、承包人和工程师）的权利和义务，包括工程范围、质量标准、工期和价格等核心要素。这有助于避免误解和争议，为项目的顺利实施提供清晰的指引。

第二，保障土木工程建设各个阶段的工程质量：合同管理确保工程按照设计要求和标准施工，有利于保障工程质量，提高项目使用寿命和安全性。

第三，整体把控土木工程建设阶段的进度：通过合同管理，可以对工程进度进行有效监控，确保项目按照计划推进，避免延期和其他不利影响。

第四，严格控制土木工程建设中的成本：合同管理有助于合理控制工程成本，避免浪费和损失。通过对合同条款和工程款项的严格执行，可以降低项目总体成本。

第五，对项目阶段人力资源使用进行优化：合同管理可以明确各参与方的职责和人力资源需求，有利于优化人力资源配置，提高工作效率。

第六，强化沟通协调：合同管理强调双方的合作和协商，鼓励各方在项目实施过程中积极沟通，共同解决问题，有利于提高项目的执行效率。

第七，降低工程风险：合同管理有助于识别和评估工程风险，将风险分配给有能力应对和承担风险的当事人，从而降低项目整体风险。

第八，提升项目管理水平：合同管理要求项目各方遵循合同约定，严格执行项目计划，有助于提高项目管理水平和效果。

总之，加强合同管理是实现建筑工程项目顺利实施的关键环节。只有抓住合同管理的核心，才能协调整个建设项目的运行状态，实现建设目标。因此，在我国的项目建设中，合同管理受到了越来越多的重视，并在实际操作中不断得到优化和完善。通过强化合同管理，我们可以更好地推进项目建设，实现投资目标和可持续发展。

二、土木工程建设中合同管理存在的问题

尽管是文件管理，但是对于实施来说仍旧存在各种各样的问题。总体来看，可以将合同的内容概括为合同签订阶段中存在的问题和合同履约阶段的问题两个方面。

（一）合同签订阶段的问题

在这个阶段合同的签订存在的问题是以后合同能否履约的关键，在合同的签订中常常会出现各种情况，如君子协定合同：这样的合同没有合同实体，是当事人双方的口头约定，一旦合同的跨度时间长，加上没有书面协定，如果一方毁约，那么损失的赔付就不可能实现。

签订的合同无效：《合同法》第 52 条规定，违反法律、行政法规的强制性规定签订的合同属于无效合同，而无效合同是不受法律保护的。在实际的工程建设中，无效合同造成的经济损失和不安全因素很多。

合同的主体找不到：合同的成立必须有合同主体，这是合同成立的必要条件之一。我们所说的合同主体是指具有民事权利能力和民事行为能力的合同的当事人；这里我们强调的是，承包商的工程建设资质也是合同主体的必要部分。

合同文字使用不当：合同文字的使用不当是造成合同误解和歧义的主要原因，也是引起经济官司的原因之一。因此在订立合同的时候就应该对措辞造句慎之又慎，语言文字最好能体现出双方的真实意思，真实意思的体现就只能靠合同文字的使用准确性了。

国际之间合同差异的存在：在我国加入 WTO 后，国际工程中的合同的翻译和理解是一个很大的难题，如果我们没有专业的翻译，是很难规避国际工程中不合理的条款和惯例，造成损失也就不奇怪了。

（二）合同履约阶段的问题

合同签订之后，容易出现的问题就是履约不及时等。合同履约过程出现的问题例如：不及时沟通，出现问题之后互相推诿；合同项目变更不及时，造成的经济损失严重。应重视证据（资料）的法律效力。并不是所有书面证据都具有法律效力的。有效的证据，应当是原件的、与事实有关的、有盖章和（或）签名的、有明确内容的、未超过期限的。合同的履行仅注意了主要义务的履行，没有注意随附义务的履行。有些

义务要求对方的履行时间长。如在质保期内发现质量问题，及时向对方反映，这不仅仅是服务质量的问题，更是一个法律问题。

三、土木工程建设合同管理的对策

（一）建设施工应该建立专门的合同管理部门

合同管理不是简单的对合同进行管理，而是应该认真研究合同条款的内容，对合同涉及的工程项目以及法人代表的资格要有一个深入的认识，合同已经成为一种具有法律效力和受到法律保护存在于社会整体关系中的一部分了，涉及的知识和专业面很广。因此，对于合同的管理，施工企业应该成立专门的合同管理机构或者聘请专业律师，对每一个合同的每一个条款进行专业的审核，特别是施工合同中的《专用条款》部分需要专业律师认真琢磨，本条款中的“合同价款与支付”以及“违约”是值得特别重视的，例如“合同价款与支付”中合同价款及调整、价款风险范围以及合同价款调整方法，“违约”中的如因承包方原因延期的违约责任等，合同中的重要条款还必须同时让该工程的负责人完全了解并执行的。这样才能在合同签订之后使合同具有法律效力，才能在双方当事人的共同履行中体现合同重要性，同时也是提高经济效益的有力保证。

（二）提高合同管理人员素质

合同能给企业带来效益，关键是看合同管理人员的素质能否满足合同管理。提高合同管理人员业务素质和自身素质，是合同管理的关键，施工企业在内部挖掘高素质的优秀合同管理人员，是企业自身建设的需要。通过内部的挖掘和培训，组织一批懂法律、懂管理、懂业务、懂财务、懂外语的人才，不仅能增强企业自身的市场竞争力，也是对企业内部育人环境的发掘。选择本企业的优秀人才进行合同管理，能更好理解企业理念，更能事半功倍。

（三）要建立合同信息管理系统

进入网络信息时代，工程信息量在不断地扩大，现代化工程项目的规模也在进一步的变大，各个工程之间信息交流的频率和速度非常之快，工程建设信息的管理越来越信息化了。

施工合同在签订、履行的过程中产生的信息量是巨大的，这些信息是当前合同在履约过程中产生的，为今后合同管理者提供了翔实宝贵的经验。合同信息管理我们必须从两个方面入手，工程项目要建立计算机信息管理系统，利用网络优势进行信息共享，学习先进的合同管理模式，能有效缩减管理支出；另外要加强参建各方信息的管理，才能做到有的放矢。

（四）对合同管理进行监督

在工程建设过程中，不仅要做好合同管理工作，还要对合同的管理和实施进行监督。合同监督能有效防止合同履约行为的失效和不及时，能够按照合同对工程建设进行各方面监督。实时对合同管理进行监督，能尽早发现和杜绝施工的错误，按照合同的要求及时调整施工进度，能有效地减小损失。

（五）加强施工合同中索赔

市场经济下的工程建设离不了合同索赔，因此加强合同索赔管理是市场发展的一项重要内容，我国施工企业普遍对索赔认识不足，因此在国际工程中的经济损失是巨大的。合同管理应该采取最为有效的合同管理策略和索赔策略，要随时了解施工现场的情况，根据法律法规，这样不仅能有效的保护施工的经济效益，更重要的是能尽快适应国际工程的规范要求，使得施工企业更具有竞争力。

第二节　土木工程实施的进度管理

一、土木工程项目进度管理概述

（一）项目进度管理

1. 引例

下面是一则关于项目进度管理的例子。

H 公司前不久接下了一个软件项目，其主要的内容是为一个餐饮公司做一个 MIS 系统，并且要求整个项目在 3 个月之内完成。合同签署之后，该公司指派了一名项目经理，在经过了需求调查之后，该项目经理向公司提交了一份详细的项目计划书，而且项目完成的时间也完全与合同要求相同，整整 3 个月。

问题的主要原因是软件开发项目的进度管理没有做好，主要存在以下问题。

（1）所有的项目进度计划均是由项目经理的估计值制订的，也就是说项目经理包办了整个项目进度计划的制订工作。

（2）在项目进度计划中只是简单地在每个阶段的结束时间上标上了一个里程碑符号。

（3）进度报告中的项目完成百分比，可能是直接通过“已经历的时间”计算得到的。

（4）项目过程中，需求在变化，但项目计划却没有跟进。

（5）项目延迟的主要原因在于两个方面：项目需求增加以及系统设计和编码实现的时间都超过了原先的计划。

2. 项目进度管理的基本概念

（1）进度的概念。进度是指项目活动在时间上的排列，强调的是一种工作进展以及对工作的协调和控制，所以常有加快进度、赶进度、拖了进度等称谓。对于进度，通常还常以其中的一项内容——“工期”来代称，讲工期也就是讲进度。只要是项目，就有一个进度问题。

（2）进行项目进度管理的必要性。项目管理集中反映在成本、质量和进度三个方面，这反映了项目管理的实质，这三个方面通常称为项目管理的“三要素”。进度是三要素之一，它与成本、质量两要素有着辩证的有机联系。对进度的要求是通过严密的进度计划及合同条款的约束，使项目能够尽快地竣工。

实践表明，质量、工期和成本是相互影响的。一般来说，在工期和成本之间，项目进展速度越快，完成的工作量越多，则单位工程量的成本越低。但突击性的作业，往往也增加成本。在工期与质量之间，一般工期越紧，如采取快速突击、加快进度的方法，项目质量就较难保证。项目进度的合理安排，对保证项目的工期、质量和成本有直接的影响，是全面实施“三要素”的关键环节。科学且符合合同条款要求的进度，有利于控制项目成本和质量。仓促赶工或任意拖拉，往往伴随着费用的失控，也容易影响工程质量。

（3）项目进度管理概念。项目进度管理又称为项目时间管理，是指在项目进展的过程中，为了确保项目能够在规定的时间内实现项目的目标，对项目活动进度及日程安排所进行的管理过程。

（4）项目进度管理的重要性。据专家分析，对于一个大的信息系统开发咨询公司，有25%的大项目被取消，60%的项目远远超过成本预算，70%的项目存在质量问题是很正常的事情，只有很少一部分项目确实按时完成并达到了项目的全部要求，而正确的项目计划、适当的进度安排和有效的项目控制可以避免上述这些问题。

3. 项目进度管理的基本内容

项目进度管理包括两大部分内容：一个是项目进度计划的编制，要拟定在规定的时间内合理且经济的进度计划；另一个是项目进度计划的控制，是指在执行该计划的过程中，检查实际进度是否按计划要求进行，若出现偏差，要及时找出原因，采取必要的补救措施或调整、修改原计划，直至项目完成。

（1）项目进度管理过程。

①活动定义。确定为完成各种项目可交付成果所必须进行的各项具体活动。

②活动排序。确定各活动之间的依赖关系，并形成文档。

③活动资源估算。估算完成每项确定时间的活动所需要的资源种类和数量。

④活动时间估算。估算完成每项活动所需要的单位工作时间。

⑤进度计划编制。分析活动顺序、活动时间、资源需求和时间限制，以编制项目进度计划。

⑥进度计划控制。运用进度控制方法，对项目实际进度进行监控，对项目进度计划进行调整。项目进度管理过程的工作是在项目管理团队确定初步计划后进行的。有些项目，特别是一些小项目，活动排序、活动资源估算、活动时间估算和进度计划编制这些过程紧密相连可视为一个过程，可由一个人在较短时间内完成。

（2）项目进度计划编制。项目进度计划编制是通过项目的活动定义、活动排序、活动时间估算，在综合考虑项目资源和其他制约因素的前提下，确定各项目活动的起始和完成日期、具体实施方案和措施，进而制订整个项目的进度计划。其主要目的是：合理安排项目时间，从而保证项目目标的完成；为项目实施过程中的进度控制提供依据；为各资源的配置提供依据；为有关各方时间的协调配合提供依据。

（3）项目进度计划控制。项目进度计划控制是指项目进度计划制订以后，在项目实施过程中，对实施进展情况进行检查、对比、分析、调整，以保证项目进度计划总目标得以实现的活动。按照不同管理层次对进度控制的要求项目进度控制分为三类。

①项目总进度控制。即项目经理等高层管理部门对项目中各里程碑时间的进度控制。

②项目主进度控制。主要是项目部门对项目中每一主要事件的进度控制；在多级项目中，这些事件可能是各个分项目；通过控制项目主进度使其按计划进行，就能保证总进度计划的如期完成。

③项目详细进度控制。主要是各作业部门对各具体作业进度计划的控制；这是进度控制的基础，只有详细进度得到较强的控制，才能保证主进度按计划进行，最终保证项目总进度，使项目目标得以顺利实现。

（二）土木工程项目进度管理

1. 土木工程项目进度管理概念

土木工程项目进度管理是指根据进度目标的要求，对土木工程项目各阶段的工作内容、工作程序、持续时间和衔接关系编制计划，将该计划付诸实施，在实施的过程中，经常检查实际工作是否按计划要求进行，对出现的偏差分析原因，采取补救措施或调整、修改原计划直至工程竣工、交付使用。进度管理的最终目的是确保项目工期目标的实现。

土木工程项目进度管理是土木工程项目管理的一项核心管理职能。由于建筑项目是在开放的环境中进行的，置身于特殊的法律环境之下，并且生产过程中的人员、工具与设备具有流动性，产品的单件性等都决定了进度管理的复杂性及动态性，必须加强项目实施过程中的跟踪控制。进度控制与质量控制、投资控制是工程项目建设中并列的三大目标。它们之间有着密切的相互依赖和制约关系。

通常，进度加快，需要增加投资，但工程能提前使用就可以提高投资效益；进度加快有可能影响工程质量，而质量控制严格则有可能影响进度，但如因质量的严格控制而不致返工，又会加快进度。因此，项目管理者在实施进度管理工作中，要对三个目标全面、系统地加以考虑，正确处理好进度、质量和投资的关系，提高工程建设的综合效益。特别是对一些投资较大的工程，在采取进度控制措施时，要特别注意其对成本和质量的影响。

2. 土木工程项目进度管理的方法和措施

土木工程项目进度管理的方法主要有规划、控制和协调。规划是指确定施工项目总进度控制目标和分进度控制目标，并编制其进度计划；控制是指在施工项目实施的全过程中，比较施工实际进度与施工计划进度，出现偏差及时采取措施调整；协调是指协调与施工进度有关的单位、部门和施工工作队之间的进度关系。土木工程项目进度管理采取的主要措施有组织措施、技术措施、合同措施和经济措施。

（1）组织措施。组织措施主要包括建立施工项目进度实施和控制的组织系统，制订进度控制工作制度，检查时间、方法，召开协调会议，落实各层次进度控制人员、具体任务和工作职责；确定施工项目进度目标，建立施工项目进度控制目标体系。

（2）技术措施。采取技术措施时应尽可能采用先进施工技术、方法和新材料、新工艺、新技术，保证进度目标的实现。落实施工方案，在发生问题时，及时调整工作之间的逻辑关系，加快施工进度。

（3）合同措施。采取合同措施时以合同形式保证工期进度的实现，即保持总进度控制目标与合同总工期一致，分包合同的工期与总包合同的工期相一致，供货、供电、运输、构件加工等合同规定的提供服务时间与有关的进度控制目标一致。

（4）经济措施。经济措施是指落实进度目标的保证资金，签订并实施关于工期和进度的经济承包责任制，建立并实施关于工期和进度的奖惩制度。

3. 土木工程项目进度管理的内容

（1）项目进度计划。土木工程项目进度计划包括项目的前期、设计、施工和使用前的准备等内容。项目进度计划的主要内容就是制订各级项目进度计划，包括进行总控制的项目总进度计划、进行中间控制的项目分阶段进度计划和进行详细控制的各子项进度计划，并对这些进度计划进行优化，以达到对这些项目进度计划的有效控制。

（2）项目进度实施。土木工程项目进度实施就是在资金、技术、合同、管理信息等方面进度保证措施落实的前提下，使项目进度按照计划实施。施工过程中存在各种干扰因素，其将使项目进度的实施结果偏离进度计划，项目进度实施的任务就是预测这些干扰因素，对其风险程度进行分析，并采取预控措施，以保证实际进度与计划进度吻合。

（3）项目进度检查。土木工程项目进度检查的目的，是了解和掌握土木工程项目进度计划在实施过程中的变化趋势和偏差程度。项目进度检查的主要内容有跟踪检查、数据采集和偏差分析。

（4）项目进度调整。土木工程项目进度调整是整个项目进度控制中最困难、最关键的内容。其包括以下几个方面的内容。

①偏差分析。分析影响进度的各种因素和产生偏差的前因后果。

②动态调整。寻求进度调整的约束条件和可行方案。

③优化控制。调控的目标是使工程项目的进度和费用变化最小，达到或接近进度计划的优化控制目标。

（三）土木工程项目进度管理的基本原理

1. 动态控制原理

动态控制是指对建设工程项目在实施的过程中，在时间和空间上的主客观变化而进行项目管理的基本方法论。由于项目在实施过程中主客观条件的变化是绝对的，不变则是相对的；在项目进展过程中平衡是暂时的，不平衡则是永恒的，因此在项目的实施过程中，必须随着情况的变化进行项目目标的动态控制。

土木工程进度控制是一个不断变化的动态过程，在项目开始阶段，实际进度按照计划进度的规划进行运转，但由于外界因素的影响，实际进度的执行往往会与计划进度出现偏差，出现超前或滞后的现象。这时应通过分析偏差产生的原因，采取相应的改进措施，调整原来的计划，使二者在新的起点上重合，并发挥组织管理作用，使实际进度继续按照计划进行。在一段时间后，实际进度和计划进度又会出现新的偏差。因此，土木工程进度控制出现了一个动态的调整过程。

2. 系统原理

系统原理是现代管理科学的一个最基本的原理。它是指人们在从事管理工作时，运用系统的观点、理论和方法对管理活动进行充分的系统分析，以达到管理的优化目标，即从系统论的角度来认识和处理企业管理中出现的问题。

系统是普遍存在的，它既可以应用于自然和社会事件，又可应用于大小单位组织的人际关系之中。因此，通常可以把任何一个管理对象都看成特定的系统。组织管理者要实现管理的有效性，就必须对管理进行充分的系统分析，把握住管理的每一个要素及要素间的联系，实现系统化的管理。

土木工程项目是一个大系统，其进度控制也是一个大系统，进度控制中，计划进度的编制受到许多因素的影响，不能只考虑某一个因素或几个因素。进度控制组织和进度实施组织也具有系统性，因此，工程进度控制具有系统性，应该综合考虑各种因素的影响。

3. 信息反馈原理

通俗地说，信息反馈就是指由控制系统把信息输送出去，又把其作用结果返送回来，并对信息再输出发生影响，起到制约的作用，以达到预定的目的。

信息反馈是土木工程进度控制的重要环节，施工的实际进度通过信息反馈给基层进度控制工作人员，在分工的职责范围内，信息经过加工逐级反馈给上级主管部门，最后到达主控制室，主控制室整理统计各方面的信息，经过比较分析做出决策，调整进度计划。进度控制不断调整的过程实际上就是信息不断反馈的过程。

4. 弹性原理

所谓弹性原理，是指管理必须要有很强的适应性和灵活性，用以适应系统外部环境和内部条件千变万化的形势，实现灵活管理。

土木工程进度计划工期长、影响因素多，因此，进度计划的编制就会留出余地，使计划进度具有弹性。进行进度控制时应利用这些弹性，缩短有关工作的时间，或改变工作之间的搭接关系，使计划进度和实际进度吻合。

5. 封闭循环原理

项目的进度计划控制的全过程是计划、实施、检查、比较分析、确定调整措施、再计划。从编制项目施工进度计划开始，经过实施过程中的跟踪检查，收集有关实际进度的信息，比较和分析实际进度与施工计划进度之间的偏差，找出产生原因和解决办法，确定调整措施，再修改原进度计划，形成一个封闭的循环系统。

6. 网络计划技术原理

网络计划技术是指用于工程项目的计划与控制的一项管理技术，依其起源有关键路径法（CPM）与计划评审法（PERT）之分。通过网络分析研究工程费用与工期的相互关系，并找出在编制计划及计划执行过程中的关键路线，这种方法称为关键路线法（CPM)。另一种注重对各项工作安排的评价和审查的方法被称为计划评审法(PERT)。CPM 主要应用于以往在类似工程中已取得一定经验的承包工程，PERT 更多地应用于研究与开发项目。

网络计划技术原理是土木工程进度控制的计划管理和分析计算的理论基础。在进度控制中，要利用网络计划技术原理编制进度计划，根据实际进度信息，比较和分析进度计划，还要利用网络计划的工期优化、工期与成本优化和资源优化的理论调整计划。

二、土木工程项目进度影响因素

（一）影响土木工程项目进度的因素

1. 自然环境因素

由于工程建设项目具有庞大、复杂、周期长、相关单位多等特点，且土木工程施工进程会受到地理位置、地形条件、气候、水文及周边环境好坏的影响，一旦在实际的施工过程中这些不利因素中的某一类因素出现，都将对施工进程造成一定的影响。当施工的地理位置处于山区交通不发达或者是条件恶劣的地质条件时，由于施工工作面较小，施工场地较为狭窄，建筑材料无法及时供应，或者是运输建筑材料时需要花费大量的时间，再加上野外环境中对工作人员的考验，一些有毒有害的蚊虫等都将对员工造成伤害，对施工进程造成一定的影响。

天气不仅影响到施工进程，而且有时候天气过于恶劣，会对施工路面、场地，和已经施工完成的部分建筑物以及相关施工设备造成严重破坏，这将进一步制约施工的进行。反之，如果土木工程施工的地域处于平坦地形，且交通便利便于设备和建筑材料的运输，且环境气候宜人，则有利于施工进程的控制。

2. 土木工程材料、设备因素

材料、构配件、机具、设备供应环节的差错，品种、规格、质量、数量、时间不能满足工程的需要；特殊材料及新材料的不合理使用；施工设备不配套，造型不当，安装失误、有故障等，都会影响施工进度。

比如建筑材料供应不及时，就会出现缺料停工的现象，而工人的工资还需正常计费，这无疑是对企业的重创，不仅没有带来利润而且还消耗了人力资源。此外，在资金到位，所有材料一应俱全的时候，还需要注意材料的质量，确保材料质量达标，如果材料存在质量问题，在施工的过程中将会出现塌方、返工，影响施工质量，最终延误工期进程。

3. 施工技术因素

施工技术是影响施工进程的直接因素，尤其是一些大型的建筑项目或者是新型的建筑。即便是对于一些道路或者房屋建筑类的施工项目其中蕴含的施工技术也是大有讲究的，科学、合理的施工技法明显能够加快施工进程。

由于建筑项目的不同，因此建筑企业在选择施工方案的时候也有所不同，首先施工人员与技术人员要正确、全面地分析、了解项目的特点和实际施工情况，实地考察施工环境。并设计好施工图纸，施工图纸要求简单明了，在需要标注的地方一定要勾画出来，以免图纸会审工作中出现理解偏差，选择合适的施工技术保障在规定的时期内完成工程。在具体施工的过程中，由于业主对需求功能的变更，原设计将不再符合施工要求，因此要及时调整、优化施工方案和施工技术。

4. 项目管理人员因素

整个土木工程的施工中，排除外界环境的影响，人作为主体影响着整个工程的工期，其建筑项目的主要管理人员的能力与知识和经验直接影响着整个工程的进度。在实际的施工过程中，由于项目管理人员没有实践活动的经验基础，或者是没有真才实学，缺乏施工知识和技术，无法对一些复杂的影响工程进度的因素有一个好的把控。再或者是项目管理人员不能正确地认识工程技术的重要性，没有认真投入到项目建设中去，人为主观地降低了项目建设技术、质量标准，对施工中潜在的危险没有意识到，且对风险的预备处理不足，将造成对整个工程施工进程的严重影响。

此外，由于项目管理人员的管理不到位，工厂现场的施工工序和建筑材料的堆放不够科学、合理，造成对施工人员施工动作的影响，对后期的建筑质量造成了一定的冲击。对于施工人力资源和设备的搭配不够合理，浪费了较多的人力资源，致使施工中出现纰漏将直接或间接地对施工进程造成一定的影响。特别是项目管理人员在建筑施工前几个月内，对地方建设行政部门审批工作不够及时，也会影响施工工期，这种因素下对施工的影响可以说是人为主观对工程项目的态度不够端正直接造成的，一旦出现这种问题，企业则需要认真考虑是否重新指定相关项目负责人，防止对施工进程造成延误。

5. 其他因素

（1）建设单位因素。如建设单位即业主使用要求改变而进行设计变更，应提供的施工场地条件不能及时提供或所提供的场地不能满足工程正常需要，不能及时向施工承包单位或材料供应商付款等都会影响到施工进度。

（2）勘察设计因素。如勘察资料不准确，特别是地质资料错误或遗漏，设计内容不完善，规范应用不恰当，设计有缺陷或错误等。还有设计对施工的可能性未考虑或考虑不周施工图纸供应不及时、不配套，出现重大差错等都会影响到施工进度。

6. 资金因素

工程项目的顺利进行必须要有雄厚的资金作为保障，由于其涉及多方利益，因此往往成为最受关注的因素。按其计入成本的方法划分，一般分为直接费用、间接费用两部分。

（1）直接费用。直接费用是指直接为生产产品而发生的各项费用，包括直接材料费、直接人工费和其他直接支出。工程项目中的直接费用是指施工过程中直接耗费构成的支出。

（2）间接费用。间接费用是指企业的各项目经理部为施工准备、组织和管理施工生产所发生的全部施工间接支出。

此外，如有关方拖欠资金，资金不到位、资金短缺、汇率浮动和通货膨胀等也都会影响土木工程的进度。

（二）土木工程施工进度管理的具体措施

1. 对项目组织进行控制

在进行施工组织人员的组建过程中，要尽量选取施工经验丰富的人，为了能够实现工期目标，在签署合同过程后，要求项目管理人员及时到施工工地进行实地考察，制订实施性施工组织设计，还要与施工当地的政府和民众建立联系，确保获得当地民众的支持，从而为土木工程的施工创造有利的外界环境条件，确保施工顺利进行。在土木工程项目施工前，要结合现场施工条件，来制订具体的建筑施工方案，确保在施工中实现施工的标准化，能够在施工中严格按照规定的管理标准来合理安排工序。

（1）选择一名优秀合格的项目经理。在土木工程施工中选择一名优秀合格的项目经理，对于工程项目的工程进度的提升具有十分积极的影响。在实际的土木工程项目中会面临着众多复杂的状况，难以解决。如果选择一名优秀合格的项目经理的话，由于项目经理自身掌握着扎实的理论知识和过硬的专业技能，能够结合实际的土木工程项目施工情况，最大限度地去利用现有资源去提升施工工程的施工效率。因此，在选择项目经理的时候，要注重考察项目经理的管理能力、执行能力、专业技能、人际交往能力等，只有这样才能够实现工程的合理妥善管理，对于缩短土木工程施工工期有着巨大的帮助。

（2）选择优秀合格的监理。要想对建筑施工工程工期进行合理控制，除了对施工单位采取措施外，必须发挥工程监理的作用，协调各个承包单位之间的关系，实现良好的合作关系，缩短施工工期。而对于那些难以进行协调控制的环节和关系，在总的土木工程施工进度安排计划中则要预留充分的时间进行调节。对于工程的业主和由业主聘请的监理工程师来说，要努力尽到自身的义务，尽力在规定的工期内完成施工任务。

2. 对施工物资进行控制

为了确保土木工程施工进度符合要求，必须要对施工过程的每个环节中的材料、配件、构件等进行严格的控制。在施工过程中，要对所有的物资进行严格的质量检验工作。在制订出整个工程进度计划后，施工单位要根据实际情况来制订最合理的采购计划，在采购材料的过程中要重视材料的供货时间、供货地点、运输时间等，确保施工物资能够符合土木工程施工过程中的需求。

3. 对施工机械设备进行控制

施工机械设备对土木工程施工进度影响非常大，要避免因施工机械设备故障影响进度。在建筑施工中应用最广的塔吊对于整个工程项目的施工进度有着决定性作用，所以要重视塔吊问题，在塔吊的安装过程中就要确保塔吊的稳定性安装，然后必须要经过专门的质量安全机构进行检查，检查合格后才能够投入施工建设工作中，避免后续出现问题。然后，操作塔吊的工作人员必须是具有上岗证的专业人员。在施工场地中的所有建筑机械设备，都要通过专门的部门检查和证明，所有的设备操作人员都要符合专业要求，并且要实施岗位责任制。此外，塔吊位置设置应科学合理，想方设法物尽其用。

4. 对施工技术和施工工序进行控制

尽量选用合适的技术加快进度，减少技术变更加快进度。在施工开展前要对施工工程的图纸进行审核工作，确保施工单位明确施工图纸中的每个细节，如果出现不懂或者疑问的地方，要及时和设计单位进行联系，然后确保对图纸的全面理解。在对图纸全面理解后，要对项目总进度计划和各个分项目计划做出宏观调控，对关键的施工环节编制严格合理的施工工序，确保施工进度符合要求。

三、土木工程项目进度优化控制

（一）项目进度控制

1. 项目进度控制的过程

项目进度控制是项目进度管理的重要内容和重要过程之一，由于项目进度计划只是根据相关技术对项目的每项活动进行估算，并做出项目的每项活动进度的安排。然而在编制项目进度计划时事先难以预料的问题很多，因此在项目进度计划执行过程中，往往会发生程度不等的偏差，这就要求项目经理和项目管理人员对计划做出调整、变更，消除偏差，以使项目按合同日期完成。

项目进度计划控制就是对项目进度计划实施与项目进度计划变更所进行的控制工作，具体地说，进度计划控制就是在项目正式开始实施后，要时刻对项目及其每项活动的进度进行监督，及时、定期地将项目实际进度与项目计划进度进行比较，掌握和度量项目的实际进度与计划进度的差距，一旦出现偏差，就必须采取措施纠正偏差，以维持项目进度的正常进行。

根据项目管理的层次，项目进度计划控制可以分为项目总进度控制，即项目经理等高层管理部门对项目中各里程碑事件的进度控制；项目主进度控制，主要是项目部门对项目中每一个主要事件的进度控制；项目详细进度控制，主要是各具体作业部门对各具体活动的进度控制，这是进度控制的基础，只有详细进度得到较强的控制才能保证主进度按计划进行，最终保证项目总进度，使项目按时实现。因此，项目进度控制要首先定位于项目的每项活动中。

2. 项目进度控制的目标

项目进度控制总目标是依据项目总进度计划确定的，然后对项目进度控制总目标进行层层分解，形成实施进度控制、相互制约的目标体系。

项目进度目标是从总的方面对项目建设提出的工期要求。但在项目活动中，是通过对最基础的分项工程的进度控制来保证各单项工程或阶段工程进度控制目标的完成，进而实现项目进度控制总目标的。因而需要将总进度目标进行一系列的从总体到细部、从高层次到基础层次的层层分解，一直分解到可以直接调度控制的分项工程或作业过程为止。在分解中，每一层次的进度控制目标都限定了下一级层次的进度控制目标，而较低层次的进度控制目标又是较高一级层次进度控制目标得以实现的保证，于是就形成了一个自上而下层层约束，由下而上级级保证，上下一致的多层次的进度控制目标体系。例如，可以按项目实施阶段、项目所包含的子项目、项目实施单位以及时间来设立分目标。为了便于对项目进度的控制与协调，可以从不同角度建立与施工进度控制目标体系相联系配套的进度控制目标。

（二）施工进度计划管理

1. 工程项目施工进度计划的任务

施工进度计划是土木工程施工的组织方案，是指导施工准备和组织施工的技术、经济文件。编制施工进度计划必须在充分研究工程的客观情况和施工特点的基础上结合施工企业的技术力量、装备水平，从人力、机械、资金、材料和施工方法等五个基本要素，进行统筹规划，合理安排，充分利用有限的空间与时间，采用先进的施工技术，选择经济合理的施工方案，建立正常的生产秩序，用最少的资源和资金取得质量高、成本低、工期短、效益好、用户满意的建筑产品。

2. 工程项目施工进度计划的作用

工程项目施工进度计划是施工组织设计的重要组成部分，是施工组织设计的核心内容。编制施工进度计划是在施工方案已确定的基础上，在规定的工期内，对构成工程的各组成部分（如各单项工程、各单位工程、各分部分项工程）在时间上给予科学的安排。这种安排是按照各项工作在工艺上和组织上的先后顺序，确定其衔接、搭接和平行的关系，计算出每项工作的持续时间，确定其开始时间和完成时间。根据各项工作的工程量和持续时间确定每项工作的日（月）工作强度，从而确定完成每项工作所需要的资源数量（工人数、机械数以及主要材料的数量）。施工进度计划还表示出各个时段所需各种资源的数量以及各种资源强度在整个工期内的变化，从而进行资源优化，以达到资源的合理安排和有效利用。根据优化后的进度计划确定各种临时设施的数量，并提出所需各种资源数量的计划表。在施工期间，施工进度计划是指导和控制各项工作进展的指导性文件。

3. 工程项目进度计划的种类

根据施工进度计划的作用和各设计阶段对施工组织设计的要求，将施工进度计划分为以下几种类型。

（1）施工总进度计划。

施工总进度计划是整个建设项目的进度计划，是对各单项工程或单位工程的进度进行优化安排，在规定的建设工期内，确定各单项工程和单位工程的施工顺序，开始和完成时间，计算主要资源数量，用以控制各单项工程或单位工程的进度。

施工总进度计划与主体工程施工设计、施工总平面布置相互联系，相互影响。当业主提出一个控制性的进度时，施工组织设计据此选择施工方案，组织技术供应和场地布置。相反，施工总进度计划又受到主体施工方案和施工总平面布置的限制，施工总进度计划的编制必须与施工场地布置相协调。在施工总进度计划中选定的施工强度应与施工方法中选用的施工机械的能力相适应。

在安排大型项目的总进度计划时，应使后期投资多，以提高投资利用系数。

（2）单项工程施工进度计划。

单项工程施工进度计划以单项工程为对象，在施工图设计阶段的施工组织设计中进行编制，用于直接组织单项工程施工。它根据施工总进度计划中规定的各单项工程或单位工程的施工期限，安排各单位工程或各分部分项工程的施工顺序、开竣工日期，并根据单项工程施工进度计划修正施工总进度计划。

（3）单位工程施工进度计划。

单位工程施工进度计划是以单位工程为对象，一般由承包商进行编制，可分为标前和标后施工进度计划。在标前（中标前）的施工组织设计中，所编制的施工进度计划是投标书的主要内容，作为投标用。在标后（中标后）的施工组织设计中，所编制的施工进度计划，在施工中用以指导施工。单位工程施工进度计划是实施性的进度计划，根据各单位工程的施工期限和选定的施工方法，安排各分部分项工程的施工顺序和开竣工日期。

（4）分部分项工程施工作业计划。

对于工程规模大、技术复杂和施工难度大的工程项目，在编制单位工程施工进度计划之后，常常需要编制某些主要分项工程或特殊工程的施工作业计划，它是直接指导现场施工和编制月、旬作业计划的依据。

（5）各阶段，各年、季、月的施工进度计划。

各阶段的施工进度计划，是承包商根据所承包的项目在建设各阶段所确定的进度目标而编制的，用以指导阶段内的施工活动。

为了更好地控制施工进度计划的实施，应将进度计划中确定的进度目标和工程内容按时序进行分解，即按年、季、月（旬）编制作业计划和施工任务书，并编制年、季、月（旬）所需各种资源的计划表，用以指导各项作业的实施。

4. 施工进度计划编制的原则

（1）施工过程的连续性。施工过程的连续性是指施工过程中的各阶段、各项工作的进行，在时间上应是紧密衔接的，不应发生不合理的中断，保证时间有效地被利用。保持施工过程的连续性，应从工艺和组织上设法避免施工队发生不必要的等待和窝工，以达到提高劳动生产率、缩短工期、节约流动资金的目的。

（2）施工过程的协调性。施工过程的协调性是指施工过程中的各阶段、各项工作之间在施工能力或施工强度上要保持一定的比例关系。各施工环节的劳动力的数量及生产率、施工机械的数量及生产率、主导机械之间或主导机械与辅助机械之间的配合都必须互相协调，不要发生脱节和比例失调的现象。例如，混凝土工程中的混凝土的生产、运输和浇筑三个环节之间的关系，混凝土的生产能力应满足混凝土浇筑强度的要求，混凝土的运输能力应与混凝土生产能力相协调，使之不发生混凝土拌和设备等待汽车，或汽车排队等待装车的现象。

（3）施工过程的均衡性。施工过程的均衡性是指施工过程中各项工作按照计划要求，在一定的时间内完成相等或等量递增（或递减）的工程量，使在一定的时间内，各种资源的消耗保持相对的稳定，不发生时紧时松、忽高忽低的现象。在整个工期内使各种资源都得到均衡的使用，这是一种期望，绝对的均衡是难以做到的，但通过优化手段安排进度，可以求得资源消耗达到趋于均衡的状态。均衡施工能够充分利用劳动力和施工机械，并能达到经济性的要求。

（4）施工过程的经济性。施工过程的经济性是指以尽可能小的劳动消耗来取得尽可能大的施工成果，在不影响工程质量和进度的前提下，尽力降低成本。在工程项目施工进度的安排上，做到施工过程的连续性、协调性和均衡性，即可达到施工过程的经济性。

5. 编制施工进度计划必须考虑的因素

编制施工进度计划必须考虑的因素如下：工期的长短；占地和开工日期；现场条件和施工准备工作；施工方法和施工机械；施工组织与管理人员的素质；合同与风险承担。

（1）工期的长短。对编制施工进度计划最有意义的是相对工期，即相对于施工企业能力的工期。相对工期长即工期充裕，施工进度计划就比较容易编制，施工进度控制也就比较容易，反之则难。除总工期外，还应考虑局部工期充裕与否，施工中可能遇到哪些“卡脖子”问题，有何备用方案。

（2）占地和开工日期。由于占地问题影响施工进度的例子很多。有时候，业主在形式上完成了对施工用地的占有，但在承包商进场时或在施工过程中还会因占地问题遇到当地居民的阻挠。其中有些是由于拆迁赔偿问题没有彻底解决，但更多的是当地居民的无理取闹。这需要加强有关的立法和执法工作。对占地问题，业主方应尽量做好拆迁赔偿工作，使当地居民满意，同时应使用法律手段制止不法居民的无理取闹。例如，某船闸在开工时遇到居民的无理取闹，业主依靠法律手段由公安部门采取强制措施制止，保证了工程顺利开工。最根本的办法是加强法制教育，提高群众的法治意识。

（3）现场条件和施工准备工作。现场条件包括连接现场与交通线的道路条件、供电供水条件、当地工业条件、机械维修条件、水文气象条件、地质条件、水质条件以及劳动力资源条件等。其中当地工业条件主要是建筑材料的供应能力，例如水泥、钢筋的供应条件以及生活必需品和日用品的供应条件。劳动力资源条件主要是当地劳动力的价格、民工的素质及生活习惯等。水质条件主要是现场有无充足的、满足混凝土拌和要求的水源。有时候地表水的水质不符合要求，就要打深井取水或进行水质处理，这对工期有一定的影响。气象条件主要是当地雨季的长短，年最高气温、最低气温、无霜期的长短等。供电和交通条件对工期的影响也是很大的，对一些大型工程往往要单独建立专用交通线和供电线路，而小型工程则要完全依赖当地的交通和供电条件。

业主方施工准备工作主要有施工用地的占有、资金准备、图纸准备以及材料供应的准备；承包商方施工准备工作则为人员、设备和材料进场，场内施工道路、临时车站、临时码头建设，场内供电线路架设，通信设施、水源及其他临时设施准备。对于现场条件不好或施工准备工作难度较大的工程，在编制施工进度计划时一定要留有充分的余地。

（4）施工方法和施工机械。一般地说采用先进的施工方法和先进的施工机械设备时施工进度会快一些。但当施工单位开始使用这些新方法施工时，往往不会提高多少施工速度，有时甚至还不如老方法来得快，这是因为施工单位对新的施工方法有一个适应和熟练的过程。所以从施工进度控制的角度看，不宜在同一个工程同时采用过多的新技术（相对施工单位来讲是新的技术）。

如果在一项工程中必须要同时采用多项新技术时，那么最好的办法就是请研制这些新技术的科研单位到现场指导，进行新技术应用的试验和推广，这样不仅为这些科研成果的完善提供了现场试验的条件，也为提高施工质量，加快施工进度创造了良好条件，更重要的是使施工单位很快地掌握了这些新技术，大大提高了市场竞争力。

（5）施工组织与管理人员的素质。良好的施工组织管理应既能有效地制止施工人员的一切不良行为，又能充分调动所有施工人员的积极性，有利于不同部门、不同工作的协调。对管理人员最基本的要求就是要有全局观念，即管理人员在处理问题时要符合整个系统的利益要求，在施工进度控制中就是施工总工期的要求。在西部地区某堆石坝施工中，施工单位管理人员在内部管理的某些问题上处理不当，导致工人怠工；从而影响工程进度。这时业主单位（当地政府主管部门）果断地采取经济措施，调动工人的积极性，从而在汛期到来之前将坝体填筑到了汛期挡水高程。还有一点要强调的是，作为施工管理人员，特别是施工单位的上层管理人员，无论何时都要将施工质量放在首要的地位。

因为质量不合格的工程量是无效的工程量，质量不合格的工程是要进行返工或推倒重做的。所以工程质量事故必然会在不同程度上影响施工进度。

（6）合同与风险承担。这里的合同是指合同对工期要求的描述和对拖延工期处罚的约定。从业主方面讲，拖延工期的罚款数量应与报期引起的经济损失相一致。同时在招标时，工期要求应与标底价相协调。这里所说的风险，是指可能影响施工进度的潜在因素以及合同工期实现的可能性大小。

（三）土木工程进度优化管理

1. 土木工程项目进度优化管理的意义

知道整个项目的持续时间时，可以更好地计算管理成本（预备），包括管理、监督和运行成本；可以使用施工进度来计算或肯定地检查投标估算；以投标价格提交投标表，从而向客户展示如何构建该项目。正确构建的施工进度计划可以通过不同的活动来实现。这个过程可以缩短或延长整个项目的持续时间。通过适当的资源调度，可以改变活动的顺序，并延长或缩短持续时间，使资源的配置更加优化。这有助于降低资源需求并保持资源的连续性。

进度表显示团队的目标以及何时必须满足这些目标。此外它还显示了团队必须遵循的路线——它提供了一系列的任务来指导项目经理和主管需要从事哪些活动，哪些是他们应该计划的活动。如果没有这一计划，施工单位可能不知道何时应当实现预定目标。施工进度计划提供了在项目工地上需要建筑材料的日期，可以用来监测分包商和供应商的进度。更为重要的是，进度表提供了施工进度是否按进度进行的反馈，以及项目是否能按时完成。当发现施工进度下降时，可以采取行动来提高施工效率。

2. 工程项目的成本与质量进度的优化

工程项目控制三大目标即工程项目质量、成本、进度。这三者之间相互影响、相互依赖。在满足规定成本、质量要求的同时使工程施工工期缩短也是项目进度控制的理想状态。在工程项目的实际管理中，工程项目管理人员要根据施工合同中要求的工期和要求的质量完成项目，与此同时工程项目管理人员也要控制项目的成本。

土木工程项目在保证高质量、低成本的同时，能够提高工程项目进度的完成时间，需要工程管理人员能够有效地协调工程项目质量、成本和进度，尽可能达到工程项目的质量、成本的要求完成工程项目的进度。但是，在工程项目进度估算过程中会受到部分外来因素影响，造成与工程合同承诺不一致的特殊情况，就会导致项目进度难以依照计划进度完成。

所以，在实际的工程项目管理中，管理人员要结合实际情况与工程项目定量、定向的工程进度，对项目成本与工程质量约束下的工程工期进行理性的研究与分析，进而对有问题的工程进度及时采取有效措施调整，以便实现工程项目的工程质量和项目成本中进度计划的优化。

3. 工程项目进度资源的总体优化

在土木工程项目进度实现过程中和施工所耗用的资源看，只有尽可能节约资源和合理的对资源进行配置，才能实现建设项目工程总体的优化。因此，必须对工程项目中所涉及的工程资源、工程设备以及工人进行总体优化。在土木工程项目的进度中，只有对相关资源合理投入与配置，在一定的期限内限制资源的消耗，才能获得良好的经济效益与社会效益。

所以，工程施工人员就需要在项目进行的过程中坚持几点原则：第一，用最少的货币来衡量工程总耗用量；第二，合理有效的安排土木工程项目需要的各种资源与各种结构；第三，要做到尽量节约以及合理替代枯竭型和稀缺型资源；第四，在土木工程项目的施工过程中，尽量均衡在施工过程中资源投入。为了使上述要求均可以得到实现，建筑施工管理人员必须做好以下几点要求：一是要严格遵循工程项目管理人员制订的关于项目进度计划的规定，提前对工程项目的劳动计划进度合理做出规划。二是要提前对工程项目中所需用的工程材料及与之相关的资源进行预期估计，从而达到优化和完善采购计划的目的，避免出现资源材料浪费的情况。三是要根据工程项目的预计工期、工程量大小。工程质量、项目成本，以及各项条件所需要的完备设备，从而合理的去选择工程中所需设备的购买以及租赁。

第三节　项目施工中的质量与安全管理

一、土木工程质量管理

（一）质量管理

1. 工程施工质量的概念

（1）朱兰的定义。美国著名的质量管理专家朱兰（Joseph M. Juran）博士认为，产品质量就是产品的适用性，即产品在使用时能成功地满足用户需要的程度。用户对产品的基本要求就是适用，适用性恰如其分地表达了质量的内涵。

这一定义有两个方面的含义，即使用要求和满足程度。人们使用产品，总对产品质量提出一定的要求，而这些要求往往受到使用时间、使用地点、使用对象、社会环境和市场竞争等因素的影响，这些因素变化，会使人们对同一产品提出不同的质量要求。因此，质量不是一个固定不变的概念，它是动态的、变化的、发展的；它随着时间、地点、使用对象的不同而不同，随着社会的发展、技术的进步而不断更新和丰富。

用户对产品的使用要求的满足程度，反映在对产品的性能、经济特性、服务特性、环境特性和心理特性等方面。因此，质量是一个综合的概念。它并不要求技术特性越高越好，而是追求诸如：性能、成本、数量、交货期、服务等因素的最佳组合，即所谓的最适当。

（2）IS08402“质量术语”定义。

质量：反映实体满足明确或隐含需要能力的特性总和。标准中“质量”的定义由两个层次构成。

①第一层次。产品或服务必须满足规定或潜在的需要，这种“需要”可以是技术

规范中规定的要求，也可能是在技术规范中未注明，但用户在使用过程中实际存在的需要。“需要”是动态的、变化的、发展的和相对的，“需要”随时间、地点、使用对象和社会环境的变化而变化。因此，这里的“需要”实质上就是产品或服务的“适用性”。

②第二层次。第二层次是在第一层次的前提下质量是产品特征和特性的总和。因为“需要”应加以表征，必须转化成有指标的特征和特性，这些特征和特性通常是可以衡量的，全部符合特征和特性要求的产品，就是满足用户需要的产品。因此，“质量”定义的第二个层次实质上就是产品的符合性。

企业只有生产出用户适用的产品，才能占领市场。而就企业内部来讲，企业又必须要生产出符合质量特征和特性指标要求的产品。所以，企业除了要研究质量的“适用性”之外，还要研究“符合性”质量。

（3）IS09000：2000 的“质量定义”。

质量：一组固有特性满足要求的程度。

“质量”术语可使用形容词，如差、好或优秀来修饰。

“固有的”（其反义是“赋予的”），就是指在某事或某物中本来就有的，尤其是那种永久的特性。

上述定义可以从以下几方面去理解。

①新概念较 IS08402 中的定义更为明确。

质量的新概念相对 IS08402 的术语，更能直接地表述质量的属性，并简练而完整地明确了质量的内涵。质量可存在各个领域或任何事物中，对质量管理体系来说，质量的载体主要是指产品、过程和体系。质量由一组固有特性组成，这些固有特性是指满足顾客和其他相关方要求的特性，并由其满足要求的程度加以表征。

②特性是指区分的特征。

固有特性是通过产品、过程或体系设计和开发及其后之实现过程形成的属性。例如：物质特性（如机械、电气、化学或生物特性）、官感特性（如用嗅觉、触觉、味觉、视觉等感觉控测的特性）、行为特性（如礼貌、诚实、正直）、时间特性（如准时性、可靠性、可用性）、人体工效特性（如语言或生理特性、人身安全特性）、功能特性（如飞机最高速度）等。这些固有特性的要求大多是可测量的。赋予的特性（如某一产品的价格），并非产品、体系或过程的固有特性。

③满足要求。满足要求就是应满足明示的（如明确规定的）、通常隐含的（如组

织的惯例、一般习惯）或必须履行的（如法律法规、行业规则）的需要和期望。只有全面满足这些要求，才能评定为好的质量或优秀的质量。

④“需求”的动态变化。顾客和其他相关方对产品、体系或过程的质量要求是动态的、发展的和相对的。它将随着时间、地点、环境的变化而变化。所以，应定期对质量进行评审，按照变化的需要和期望，相应地改进产品、体系或过程的质量，确保持续地满足顾客和其他相关方的要求。

2. 质量管理的概念

质量管理是指在质量方面指挥和控制组织协调的活动。质量管理，通常包括制订质量方针和质量目标以及质量策划、质量控制、质量保证和质量改进。

3. 质量管理的发展过程

（1）质量检验阶段。

20 世纪前，产品质量主要依靠操作者本人的技艺水平和经验来保证，属于“操作者的质量管理”。20 世纪初，随着科学管理理论的产生，产品的质量检验从加工制造中分离出来，质量管理的职能由操作者转移给工长，是“工长的质量管理”。随着企业生产规模的扩大和产品复杂程度的提高，产品有了技术标准（技术条件），各种检验工具和检验技术也随之发展，大多数企业开始设置检验部门，有的直属于厂长领导，这时是“检验员的质量管理”。这几种做法都属于事后检验的质量管理方式。

（2）统计质量控制阶段。

20 世纪 20 年代，美国的数理统计学家提出控制和预防缺陷的概念。与此同时，美国贝尔研究所提出关于抽样检验的概念及其实施方案，成为运用数理统计理论解决质量问题的先驱，但当时并未被普遍接受。以数理统计理论为基础的统计质量控制的推广应用始自第二次世界大战。由于事后检验无法控制武器弹药的质量，美国国防部决定把数理统计法用于质量管理，并由标准协会制订有关数理统计方法应用于质量管理方面的规划，成立了专门委员会，并于 1941—1942 年先后公布一批美国战时的质量管理标准。

（3）全面质量管理阶段。

20 世纪 50 年代以来，随着生产力的迅速发展和科学技术的日新月异，人们对产品的质量从注重产品的一般性能发展为注重产品的耐用性、可靠性、安全性、维修性和经济性等。在生产技术和企业管理中，要求运用系统的观点来研究质量问题。在管理理论上也有新的发展，突出重视人的因素，强调依靠企业全体人员的努力来保证质量。此外，还有“保护消费者利益”运动的兴起，企业之间市场竞争越来越激烈。在这种情况下，全面质量管理的概念应运而生。

（二）全面质量管理

1. 全面质量管理概念

（1）全面质量管理的提出。全面质量管理的思想最早是由美国统计学家和管理学家威廉·爱德华兹·戴明（William Edwards Deming）提出的。

20 世纪 50 年代末，美国通用电气公司的费根堡姆和质量管理专家约瑟夫·莫西·朱兰（Joseph M. Juran）提出了“全面质量管理”（Total Quality Management，TQM）的概念，认为“全面质量管理是为了能够在最经济的水平上，并考虑到充分满足客户要求的条件下进行生产和提供服务，把企业各部门在研制质量、维持质量和提高质量的活动中构成为一体的一种有效体系”。

60 年代初，美国一些企业根据行为管理科学的理论，在企业的质量管理中开展了依靠职工“自我控制”的“无缺陷运动”（Zero Defects），日本在工业企业中开展质量管理小组活动，使全面质量管理活动迅速发展起来。

（2）全面质量管理的含义。

全面质量管理就是要把专业技术、经营管理和思想教育工作结合起来，建立起从产品的研制设计、生产制造、售后服务等一整套质量保证体系。从而用最经济的手段，生产用户满意的产品。其基本核心是强调以提高人的工作质量，保证设计质量和制造质量，从而保证产品质量，达到全面提高企业和社会经济效益的目的。全面质量管理可以概括为以下几点。

①全面质量管理的对象——“质量”的含义是全面的，即广义的质量的管理。

②全面质量管理的范围是全面的，即产品质量产生、形成和实现的全过程的质量管理。

③全面质量管理要求参加质量管理的人员是全面的，即全员性的质量管理。

④全面质量管理用以管理质量的方法是全面的，多种多样的；即综合性的质量管理。

2. 全面质量管理的基本思想

（1）一切为用户着想。

对于一个企业来说，“用户”是指使用该企业的产品，因而受到产品的某些质量影响的人。企业产品关系到满足人民日益增长的物质和文化生活的需要，工业产品的质量直接关系到广大人民群众的衣、食、住、行，还有社会主义现代化建设的事业。

同时，从另一个角度来看，企业生产的产品质量的优劣直接影响到产品价值能否在市场上顺利得到实现的问题。因此，企业需要把生产出保证用户满意的优质产品作为企业经营的出发点和归宿点。企业要增强责任感和事业心。坚持质量标准，从而使企业的最终产品满足用户的要求。

（2）一切凭数据说话。

数据，是质量管理的基础。离开了数据，就没有质量标准可言。生产过程是这样，管理过程同样也是这样，始终都要以数据为根据。靠数据说话，离不开对有关质量管理工作情况进行定量分析，以数据形式揭露质量问题和反映质量水平。全面质量管理是一种科学管理，它要求以数理统计为基础，运用数理统计和图表对大量数据进行整理和分析，找出影响产品质量的主要因素及各种因素之间的联系，掌握质量变化的规律，以便有针对性地采取有效措施、消除或预防质量偏差。是否用数据说话，这是区别科学管理与经验管理的主要界限。特别是企业的领导，要反对那些只凭经验和主观臆测，而不是用数据处理问题、解决问题的工作作风。那些“大概”“可能”“差不多”等诸如此类模棱两可的判断是有害的。

（3）一切以预防为主。

质量是设计和制造出来的，不是靠检验把关得来的。对于已产生的废次品来说，检验只起到“死后验尸”的作用，并不能预防生产过程中的废次品的产生。而一旦产生废次品，就会造成原辅材料、设备、工时及其他费用的损失。而且在生产规模扩大，产量大幅度增长的情况下，单靠事后检验把关（即使是百分之百的检查），也不能保证废品都被检出。所以，要求在废品产生之前就能采取措施做到事先预防。这就引进了对生产过程的人、设备、原材料、方法和环境五大因素的控制管理，管因素而不是只管结果。

（4）一切按 PDCA 循环办事。

PDCA 循环又叫戴明环，是美国质量管理专家戴明博士提出的，它是全面质量管理所应遵循的科学程序。PDCA 是英语单词 Plan（计划）、Do（执行）、Check（检查）

和 Act（行动）的第一个字母，PDCA 循环就是按照这样的顺序进行质量管理，并且循环不止地进行下去的科学程序。

P（plan）计划：包括方针和目标的确定以及活动计划的制订。

D（do）执行：具体运作，实现计划中的内容。

C（check）检查：总结执行计划的结果，分清哪些对了，哪些错了，明确效果，找出问题。

A（action）处理：对检查的结果进行处理，对成功的经验加以肯定，并予以标准化；对于失败的教训也要总结，以免重现。对于没有解决的问题，应提交给下一个 PDCA 循环中去解决。

（三）土木工程项目质量管理

1. 土木工程质量

（1）土木工程质量概念。

土木工程质量是指国家现行的有关法律法规、技术标准、设计文件及合同中对土木工程的安全、使用要求、经济技术标准、外观等特性的综合要求。

质量管理是指为了达到建设工程质量要求而采取的作业技术和管理活动等。我国现行规范建设工程质量管理的法律主要有《建筑法》《标准化法》《产品质量法》，行政法规主要有《建设工程质量管理条例》《标准化法实施条例》，部门规章主要有《工程建设行业标准管理办法》《实施工程建设强制性标准监督规定》《工程建设标准强制性条文》《建设工程质量保证金管理暂行办法》《房屋建筑和市政基础设施工程质量监督管理规定》。此外，各地方性相关法规及政府规章中也包含有关质量的规定。

（2）土木工程质量的特点。

土木工程产品质量与一般的产品质量相比较，土木工程质量具有以下一些特点：影响因素多、隐蔽性强、终检局限性大、对社会环境影响大等。

①影响因素多。土木工程项目从筹建开始决策、设计、材料、机械、环境、施工工艺、管理制度以及参建人员素质等均直接或间接地影响土木工程质量。因此它具有受影响因素多的特点。

②隐蔽性强、终检局限性大。目前土木工程存在的质量问题，一般事后表面上看质量尽管很好，但是这时可能混凝土已经失去了强度，钢筋已经被锈蚀得完全失去了作用，诸如此类的土木工程质量问题在工程终检时是很难通过肉眼判断出来的，有时

即使使用了检测仪器和工具，也不一定能准确地发现问题。

③对社会环境影响大。与土木工程规划、设计、施工质量的好与坏有密切联系的不仅仅是建筑的使用者，而是整个社会。土木工程质量直接影响人们的生产生活，而且还影响着社会可持续发展的环境，特别是有关绿化、环保和噪声等方面的问题。

2. 土木工程质量标准

土木工程质量标准是指对土木工程的设计、施工方法和安全要求以及有关工程建筑的技术术语、符号、代号和制图方法等所做的统一的技术要求。工程质量管理必须按照土木工程标准来开展和进行。土木工程标准依其效力强度可分为强制性标准与推荐性标准，建设工程标准依其适用范围可分为国家标准、行业标准及企业标准。

（1）强制性标准及推荐性标准。工程强制性标准是指直接涉及工程质量、安全、卫生及环境保护等方面的必须强制执行的工程标准强制性条文，任何违反强制性标准的行为必须依法承担法律责任。在我国境内从事新建、扩建、改建等工程建设活动，必须执行工程建设强制性标准。

工程建设中拟采用的新技术、新工艺、新材料不符合现行强制性标准规定的，应当由拟采用单位提请建设单位组织专题技术论证，报批准标准的建设行政主管部门或国务院有关主管部门审定。工程建设中采用国际标准或国外标准现行强制性标准没有规定的，建设单位应当向国务院建设行政主管部门或国务院有关行政主管部门备案。

推荐性标准是指国家鼓励自愿采用的标准，推荐性标准具有示范指导作用，但不是必须适用标准。根据《标准化法》规定，推荐性标准只存在于国家标准及行业标准中，不存在推荐性地方标准和推荐性企业标准。

（2）国家标准、行业标准及企业标准。

根据《建筑法》的规定，建设工程的标准分为国家标准、行业标准和企业标准三级。

①国家标准。国家标准是对全国经济技术发展有重大意义，需要在全国范围内统一适用的技术要求。国家标准分为强制性标准和推荐性标准。以下是强制性标准的范围：工程建设的勘察、设计、施工及验收的技术要求；工程建设中有关安全、卫生、环境保护的技术要求；工程建设的术语、符号、代号、量与单位、建筑模数和制图方法；工程建设的试验、检验和评定方法；工程建设的信息技术要求等。强制性标准以外的是推荐性标准。

②行业标准。行业标准是指由行业标准化主管机构或行业标准化组织发布的，在

全国某一行业内统一适用的技术要求。根据《工程建设行业标准管理办法》规定，对于没有国家标准而需要在全国某个行业范围内统一的技术要求，可以制订行业标准。行业标准不得与国家标准相抵触。有关行业标准之间应当协调、统一，避免重复。

行业标准在相应的国家标准实施后，应当及时修订或废止。行业标准也分为强制性标准与推荐性标准。

③企业标准。

企业标准是企业自行制订的适用于企业内部的标准。企业标准是技术水平等级最高的标准，对于国家标准及行业标准没有规定的，应当制订企业标准；对已有国家标准及行业标准的，国家鼓励企业标准高于国家标准及行业标准，但不得低于国家标准及行业标准中的强制性标准。

3. 加强土木工程质量管理的必要性

（1）加强土木工程质量管理是科技发展的需要。质量管理是指企业为保证和提高工程质量，对各部门、各生产环节有关质量形成的活动，进行调查、组织、协调、控制、检验、统计和预测的管理方法。它是施工企业既经济又节约地生产符合质量要求的工程项目的综合手段。随着生产技术水平的不断提高，社会化的大生产成为可能，传统的质量管理方式已经不能满足生产的需要，这对质量管理提出了更高的要求。随着科学技术的发展，质量管理已经越来越为人们所重视，并逐渐发展成为一门新兴的学科。

（2）加强土木工程质量管理是市场竞争的需要。随着经济的发展，我国的土木工程质量和服务质量的总体水平不断提高。一个企业要在市场上站住脚，就必须有好的质量做保证。从发展战略的高度来认识质量问题，质量已经关系到国家的命运，民族的未来；质量管理的水平已关系到行业的兴衰、企业的命运。

（3）加强施工质量管理是国家建设的要求。作为建设工程产品的工程项目，投资和耗费的人工、材料、能源都相当大，投资者（业主）付出了巨大的投资，要求获得理想的，能够满足使用要求的产品，以期在额定时间内能发挥作用，为社会经济建设和物质文化生活需要做出贡献。工程质量的优劣，直接影响国家建设的速度。工程质量差本身就是最大的浪费，而且还会带来其他的间接损失，给国家和使用者造成的浪费、损失将会更大。因此质量问题直接影响着我国经济建设的速度。

4. 项目经理加强土木工程质量管理的主要策略

项目经理是工程实施的主要责任人，也是工程质量的第一责任人。既要能够读懂图纸，了解设计质量要求，还要能够管理团队保证施工质量。具体来说，应做到以下几个方面。

第一，制定明确的质量目标：项目经理应根据项目需求和合同要求，制定明确的质量目标，确保项目整体质量符合规定标准。

第二，建立质量管理团队：组建专业的质量管理团队，负责项目的质量管理工作，确保团队成员具备相应的质量管理知识和经验。

第三，制订完善的质量计划：编写详细的质量计划，明确项目各阶段的质量管理任务、质量检查点和验收标准，确保项目按照计划推进。

第四，落实质量责任：明确项目各参与方的质量责任，将质量目标分解到各部门和岗位，确保每个人都对质量负责。

第五，加强培训与沟通：定期为项目团队提供质量管理方面的培训，提高员工的质量意识；加强项目内部沟通，确保各部门和岗位之间信息畅通，便于及时解决问题。

第六，严格现场质量监管：加强对施工现场的巡查和监控，确保施工工艺和操作规范得到严格执行，提高工程质量。

第七，采用先进技术和管理方法：引进先进的施工技术和管理方法，提高项目质量，降低成本。同时，鼓励团队创新，针对项目特点优化施工方案。

第八，严格材料和设备管理：确保原材料、半成品和成品的质量，对关键设备进行定期检查和维护，保证设备性能良好。

第九，建立质量奖惩机制：对工程质量表现优秀的个人和团队给予奖励，对存在质量问题的个人和团队进行处罚，激发全体员工关注质量的积极性。

第十，持续改进：在项目实施过程中，不断总结经验教训，对质量管理措施进行持续改进，提高质量管理水平。

通过以上策略的实施，项目经理可以有效地加强土木工程质量管理，确保项目顺利实施，达到预期的质量目标。

二、土木工程建设中的安全管理

（一）安全管理

安全管理作为一门系统科学，涵盖了项目建设的各个方面，具有广泛性和复杂性。在土木工程项目建设阶段，安全管理尤为重要，因为它关系到项目的顺利进行、人员的生命安全和社会声誉。为此，人人都要学习安全知识，提高安全意识，并在实际工作中处处落实安全管理措施。

首先，安全管理涉及项目的设计、施工、验收等各个环节。从项目初期，设计师需要充分考虑安全因素，确保设计合理、安全可靠。在施工阶段，各方人员要严格遵守安全操作规程，防范事故发生。此外，项目管理者要不断强化安全意识，将安全纳入日常管理的方方面面。

其次，在土木工程项目建设阶段，安全隐患可能存在于各种风险因素中，如高空作业、重物吊装、施工现场用电等。因此，每个人都要掌握一定的安全知识和技能，学会在危险情况下保护自己和他人的生命安全。

此外，安全管理需要各方共同参与和合作。项目管理人员要关注施工现场的安全状况，及时发现和整改问题。施工人员要遵守安全规章制度，自觉佩戴劳动保护用品。同时，要加强安全培训和宣传教育，提高全体人员的安全意识。

最后，在实际工作中，要落实安全管理措施，预防和控制事故的发生。这包括加强安全检查、严格执行安全操作规程、定期维护安全设备、制定应急预案等。通过这些措施，确保项目安全顺利进行。

总之，在土木工程项目建设阶段，人人都要学安全，处处要管安全。只有将安全管理落到实处，才能保障项目的顺利进行，确保人员的生命安全，促进建筑行业的健康发展。从个人到团队，从管理层到基层员工，都要共同关注安全，不断提高安全素养，为项目的成功贡献力量。

1. 安全管理的定义

安全管理同其他学科一样，有它自己特定的研究对象和研究范围。安全管理是研究人的行为与机器状态、环境条件的规律与机器相互关系的科学。安全管理涉及人、物、环境相互关系协调的问题，有其独特的理论体系，并运用理论体系提出解决问题的方法。与安全管理相关的学科包括劳动心理学、劳动卫生学、统计科学、计算科学、运筹学、管理科学、安全系统工程、人机工程、可靠性工程、安全技术等。在工程技术方面，安全管理已广泛地应用于基础工业、交通运输、军事及尖端技术工业等。

安全管理是管理科学的一个分支，也是安全工程学的一个重要组成部分。安全工程学包括安全技术、工业卫生工程及安全管理。

安全技术是安全工程的技术手段之一。它着眼于对生产过程中物的不安全因素和环境的不安全条件，采用技术措施进行控制，以保证物和环境安全、可靠，达到技术安全的目的。

工业卫生工程也是安全工程的技术手段之一。它着眼于消除或控制生产过程中对人体健康产生影响或危害的有害因素，从而保证安全生产。

安全管理则是安全工程的组织、计划、决策和控制过程，它是保障安全生产的一种管理措施。

总之，安全管理是研究人、物、环境三者之间的协调性，对安全工作进行决策、计划、组织、控制和协调；在法律制度、组织管理、技术和教育等方面采取综合措施，控制人、物、环境的不安全因素，以实现安全生产为目的的一门综合性学科。

2. 安全管理的目的

企业安全管理是遵照国家的安全生产方针、安全生产法规，根据企业实际情况，从组织管理与技术管理上提出相应的安全管理措施，在对国内外安全管理经验教训、研究成果的基础上，寻求适合企业实际的安全管理方法。而这些管理措施和方法的作用都在于控制和消除影响企业安全生产的不安全因素、不卫生条件，从而保障企业生产过程中不发生人身伤亡事故和职业病，不发生火灾、爆炸事故，不发生设备事故。因此，安全管理的目的如下。

（1）确保生产场所及生产区域周边范围内人员的安全与健康。即要消除危险、危害因素，控制生产过程中伤亡事故和职业病的发生，保障企业和周边人员的安全与健康。

（2）保护财产和资源。即要控制生产过程中设备事故和火灾、爆炸事故的发生，避免由不安全因素导致的经济损失。

（3）保障企业生产顺利进行。提高效率，促进生产发展，是安全管理的根本目的和任务。

（4）促进社会生产发展。安全管理的最终目的就是维护社会稳定、建立和谐社会。

3. 安全管理的主要内容

安全与生产是相辅相成的，没有安全管理保障，生产就无法进行；反之，没有生产活动，也就不存在安全问题。通常所说的安全管理，是针对生产活动中的安全问题，围绕着企业安全生产所进行的一系列管理活动。安全管理是控制人、物、环境的不安全因素，所以安全管理工作主要内容大致如下。

第一，安全生产方针与安全生产责任制的贯彻实施。

第二，安全生产法规、制度的建立与执行。

第三，事故与职业病预防与管理。

第四，安全预测、决策及规划。

第五，安全教育与安全检查。

第六，安全技术措施计划的编制与实施。

第七，安全目标管理、安全监督与监察。

第八，事故应急救援。

第九，职业安全健康管理体系的建立。

第十，企业安全文化建设。

随着生产的发展，新技术、新工艺的应用，以及生产规模的扩大，产品品种的不断增多与更新，职工队伍的不断壮大与更替，加之生产过程中环境因素的随时变化，企业生产会出现许多新的安全问题。当前，随着改革的不断深入，安全管理的对象、形式及方法也随着市场经济的要求而发生变化。因此，安全管理的工作内容要不断适应生产发展的要求，随时调整和加强工作重点。

4. 安全管理的原理与原则

安全管理作为管理的重要组成部分，既遵循管理的普遍规律，服从管理的基本原理与原则，又有其特殊的原理与原则。

原理是对客观事物实质内容极其基本运动规律的表述。原理与原则之间存在内在的、逻辑对应的关系。安全管理原理是从生产管理的共性出发，对生产管理工作的实质内容进行科学分析、综合、抽象与概括所得出的生产管理规律。原则是根据对客观事物基本规律的认识引发出来的，是需要人们共同遵循的行为规范和准则。安全生产原则是指在生产管理原则的基础上，指导生产管理活动的通用规则。

原理与原则的本质与内涵是一致的。一般来说，原理更基本，更具有普遍意义；原则更具体，对行动更有指导性。

（1）系统原理。

①系统原理的含义。系统原理是指运用系统论的观点、理论和方法来认识和处理管理中出现的问题，对管理活动进行系统分析，以达到管理的优化目标。

系统是由相互作用和相互依赖的若干部分组成，具有特定功能的有机整体。任何管理对象都可以作为一个系统。系统可以分为若干子系统，子系统可以分为若干要素，即系统是由要素组成的。按照系统的观点，管理系统具有 6 个特征，即集合性、相关性、目的性、整体性、层次性和适应性。

安全管理系统是生产管理的一个子系统，包括各级安全管理人员、安全防护设备与设施、安全管理规章制度、安全生产操作规范和规程，以及安全生产管理信息等。安全贯穿于整个生产活动过程中，安全生产管理是全面、全过程和全员的管理。

②运用系统原理的原则。

a. 动态相关性原则。动态相关性原则表明：构成管理系统的各要素是运动和发展的，它们相互联系又相互制约。如果管理系统的各要素都处于静止状态，就不会发生事故。

b. 整分合原则。高效的现代安全生产管理必须在整体规划下明确分工，在分工基础上有效综合，这就是整分合原则。运用该原则，要求企业管理者在制订整体目标和进行宏观策划时，必须将安全生产纳入其中，在考虑资金、人员和体系时，都必须将安全生产作为一个重要内容考虑。

c. 反馈原则。反馈是控制过程中对控制机构的反作用。成功、高效的管理，离不开灵活、准确、快速的反馈。企业生产的内部条件和外部环境是不断变化的，必须及时捕获、反馈各种安全生产信息，以便及时采取行动。

d. 封闭原则。在任何一个管理系统内部，管理手段、管理过程都必须构成一个连续封闭的回路，才能形成有效的管理活动，这就是封闭原则。封闭原则告诉我们，在企业安全生产中，各管理机构之间、各种管理制度和方法之间，必须具有紧密的联系，形成相互制约的回路，才能有效。

（2）人本原理。

①人本原理的含义。在安全管理中把人的因素放在首位，体现以人为本，这就是人本原理。以人为本有两层含义：一是一切管理活动都是以人为本展开的，人既是管理的主体，又是管理的客体，每个人都处在一定的管理层面上，离开人就无所谓管理；二是管理活动中，作为管理对象的要素和管理系统各环节，都需要人掌管、运作、推动和实施。

②运用人本原理的原则。

a. 动力原则。推动管理活动的基本力量是人，管理必须有能够激发人的工作能力的动力，这就是动力原则。对于管理系统，有三种动力，即物质动力、精神动力和信息动力。

b. 能级原则。现代管理认为，单位和个人都具有一定的能量，并且可按照能量的大小顺序排列，形成管理的能级，就像原子中电子的能级一样。在管理系统中，建立一套合理能级，根据单位和个人能量的大小安排其工作，发挥不同能级的能量，保证结构的稳定性和管理的有效性，这就是能级原则。

c. 激励原则。管理中的激励就是利用某种外部诱因的刺激，调动人的积极性和创造性。以科学的手段，激发人的内在潜力，使其充分发挥积极性、主动性和创造性，这就是激励原则。人的工作动力来源于内在动力、外部压力和工作吸引力。

（3）预防原理。

①预防原理的含义。安全生产管理工作应该做到预防为主，通过有效的管理和技术手段，减少和防止人的不安全行为和物的不安全状态，达到预防事故的目的。在可能发生人身伤害、设备或设施损坏和环境破坏的场合，事先采取措施，防止事故发生。

②运用预防原理的原则。

a. 事故是可以预防。生产活动过程都是由人来进行规划、设计、施工、生产运行的，人们可以改变设计、改变施工方法和运行管理方式，避免事故发生。同时可以寻找引起事故的本质因素，采取措施，予以控制，达到预防事故的目的。

b. 因果关系原则。事故的发生是许多因素互为因果连锁发生的最终结果，只要诱发事故的因素存在，发生事故是必然的，只是时间或迟或早而已，这就是因果关系原则。

c. 3E 原则。造成人事故的原因可归纳为 4 个方面，即人的不安全行为、设备的不安全状态、环境的不安全条件，以及管理缺陷。针对这 4 方面的原因，可采取 3 种防止对策，即工程技术（Engineering）对策、教育（Education）对策和法制（Enforcement）对策，即所谓 3E 原则。

d. 本质安全化原则。本质安全化原则是指从一开始和从本质上实现安全化，从根本上消除事故发生的可能性，从而达到预防事故发生的目的。

（4）强制原理。

①强制原理的含义。采取强制管理的手段控制人的意愿和行为，使人的活动、行为等受到安全生产管理要求的约束，从而实现有效的安全生产管理。所谓强制就是绝对服从，不必经过被管理者的同意便可采取的控制行动。

②运用强制原理的原则。

a. 安全第一原则。安全第一就是要求在进行生产和其他工作时把安全工作放在一切工作的首要位置。当生产和其他工作与安全发生矛盾时，要以安全为主，生产和其他工作要服从于安全。

b. 监督原则。监督原则是指在安全活动中，为了使安全生产法律法规得到落实，必须设立安全生产监督管理部门，对企业生产中的守法和执法情况进行监督，监督主要包括国家监督、行业管理、群众监督等。

（二）信息化技术在土木工程安全管理中的应用

信息化技术在土木工程安全管理中具有重要作用，可以有效提高安全管理水平，预防事故发生。

1. 建设工程安全管理信息系统

安全管理信息系统是一个高效、智能的信息化管理平台，专门用于收集、整理、分析项目的安全数据，实时监控项目安全状况，为决策者提供有力支持。该系统在土木工程安全管理中发挥着重要作用，有助于提高安全管理水平，预防事故发生。

安全管理信息系统的主要功能如下。

第一，数据收集：通过与各种传感器、监测设备连接，实时收集项目现场的安全数据，如施工现场环境、设备状态、人员行为等信息。这些数据来源广泛，包括监测设备、人员穿戴设备、摄像头等。

第二，数据整理：对收集到的原始数据进行清洗、整理，使其符合分析和展示的要求。通过对数据的加工，使安全信息更加清晰、有条理，便于决策者快速了解项目安全状况。

第三，数据分析：运用先进的数据分析算法，对整理后的数据进行深入挖掘，发现安全隐患、事故规律和潜在风险。通过对数据分析，为项目安全管理提供有力支持，协助制定更合理的安全措施。

第四，实时监控：通过监控项目安全数据，实时掌握项目安全状况。一旦发现异常情况，如设备故障、人员违规操作等，系统可立即发出警报，提醒相关人员及时处理。

第五，预警与预测：基于大数据分析和人工智能技术，对项目安全状况进行预测，提前发现潜在的安全隐患。通过预警功能，可以帮助决策者及时采取措施，避免事故发生。

第六，数据可视化：将安全数据以图表、报表等形式展示，使决策者一目了然地了解项目安全状况。数据可视化有助于提高决策效率，确保项目安全顺利进行。

第七，报告与统计：根据项目安全数据，自动生成各类安全报告和统计表格。这些报告可用于内部评估、审计和外部监管，有利于提升项目管理水平。

第八，系统集成与协同：安全管理信息系统可与其他相关系统（如工程进度管理系统、成本管理系统等）无缝对接，实现数据共享和业务协同。这有助于提高项目管理的整体效率，确保项目安全、进度和成本的控制。

总之，安全管理信息系统在收集、整理、分析项目安全数据的同时，实现了实时监控和预警预测等功能，为决策者提供了有力依据。通过运用这一系统，土木工程项目的安全管理水平得到有效提升，事故发生的风险降低，从而保障了项目的顺利进行。

2. 物联网与智能可穿戴技术在土木工程中的应用

物联网和智能可穿戴技术在土木工程领域中的应用正逐渐改变着传统的安全管理和施工方式，提高了工程质量和施工效率，降低了安全风险。以下是物联网和智能可穿戴技术在土木工程中的应用场景。

第一，施工现场监测：通过在施工现场安装各类传感器，如摄像头、声音传感器、温度传感器等，实时监测施工现场的环境、设备、人员等信息。将这些数据传输至云端，进行分析和预警，有助于及时发现安全隐患，提高施工现场的安全管理水平。

第二，设备远程控制与维护：利用物联网技术，实现对施工现场设备的远程监控和控制，如混凝土搅拌车、塔吊等。通过实时数据传输，管理者可以远程了解设备运行状态，及时进行故障排查和维护，降低设备故障率，提高施工效率。

第三，人员定位与追踪：为施工人员配备智能穿戴设备，如安全帽、工作服等，实时收集人员的位置、姿态、生理指标等信息。在遇到紧急情况时，可迅速确定被困人员的位置，提高救援效率。

第四，智能安全帽：智能安全帽内置传感器，可实时监测施工现场的冲击、倾斜等异常情况。当发生异常时，智能安全帽会立即发出警报，提醒相关人员采取措施。同时，智能安全帽还可用于语音通话、视频监控等功能，提高施工现场的沟通效率。

第五，施工质量监测：利用物联网和智能可穿戴技术，可以实时监测施工过程中的质量数据，如混凝土强度、建筑结构变形等。这些数据可实时传输至云端，进行大数据分析和预测，为施工质量提供有力保障。

第六，健康管理：为施工人员配备智能可穿戴设备，如手环、手表等，实时监测员工的生理指标，如心率、血压、运动量等。通过数据分析，预防施工人员因长时间高强度工作导致的身体健康问题，提高施工人员的工作效率。

第七，环境监测与预警：利用物联网技术，实时监测施工现场的空气质量、噪声、湿度等环境指标。当环境指数超过安全标准时，系统会发出预警，提示相关人员采取措施，保障施工现场的环境安全。

第八，智能施工方案设计与优化：利用物联网和大数据技术，结合施工现场的实时数据，对施工方案进行智能优化。通过分析施工过程中各类参数的变化趋势，为施工方案的调整提供依据，提高施工质量。

总之，物联网和智能可穿戴技术在土木工程中的应用，可以提高施工现场的安全管理水平，保障工程质量和施工人员的安全。随着这些技术的不断发展和完善，未来土木工程领域将实现更高效、智能的施工方式。

3. 虚拟现实技术在安全培训中的应用

虚拟现实（VR）技术在安全培训领域具有广泛的应用前景，它能有效增强培训效果，增强参训人员的安全意识和技能。以下是一些虚拟现实技术在安全培训中的应用场景。

第一，危险场景模拟：通过虚拟现实技术，可以创建逼真的危险场景，如火灾、地震、化学品泄漏等。学员在虚拟环境中亲身经历这些场景，能更加深刻地认识到安全事故的严重性，从而提高安全意识。

第二，操作技能培训：借助虚拟现实技术，可以模拟各种实际操作场景，如高空作业、设备操作等。学员在虚拟环境中进行模拟操作，能够熟悉操作流程，提高实际操作时的安全素养。

第三，应急响应培训：虚拟现实技术可以模拟紧急情况下的应急响应流程，如火灾疏散、心肺复苏等。学员在虚拟环境中进行应急响应练习，可以提高应对紧急情况的能力，增强实战经验。

第四，团队合作与沟通培训：虚拟现实技术可以创建多人协同作业的场景，学员在虚拟环境中进行团队合作，提高沟通与协作能力，确保实际工作中能更好地遵守安全规定。

第五，安全知识测试：通过虚拟现实技术，可以设计安全知识问答环节，让学员在虚拟环境中进行测试。这种测试形式生动有趣，能提高学员的学习兴趣，增强知识记忆。

第六，个性化培训：虚拟现实技术可以根据学员的具体需求，量身定制培训方案。

例如，针对不同岗位的学员，可以创建相应的虚拟场景，进行有针对性的安全培训。

第七，培训效果评估：借助虚拟现实技术，可以实时收集学员在培训过程中的数据，如操作速度、正确率等。通过分析这些数据，可以评估学员的培训效果，为后续培训提供参考。

第八，降低培训成本：虚拟现实技术可以大幅减少实际操作培训所需的场地、设备和人力成本，同时提高培训效率。

总之，虚拟现实技术在安全培训中的应用有助于提高学员的安全意识和技能，降低事故发生的风险。随着虚拟现实技术的不断发展和成熟，其在安全培训领域的应用将更加广泛，为各行各业提供有力支持。

第四节　土木工程施工现场管理

随着我国社会经济的高速发展，人们对建筑质量有了更高的追求。应改进和完善土木工程施工技术，促进建筑企业的发展。在了解现场管理重要性的基础上，指出其中存在的问题，针对土木工程施工技术进行分析，加强现场施工管理。优化管理工作，提升管理人员的综合素质，强化质量监督，运用先进的技术手段提升施工质量，保证施工安全。

一、土木工程施工现场管理的意义

第一，施工现场管理有利于提高工程施工质量：良好的施工现场管理能够确保施工过程中的各项工程质量得到有效控制，从而提高整个项目的质量水平。

第二，保障工程安全：通过严格的现场安全管理，可以降低施工过程中发生安全事故的风险，保障工程人员和周边环境的安全。

第三，提升施工效率：合理安排施工现场的各项资源，提高施工机械设备的使用效率，优化人力资源配置，有助于提高整体施工效率。

第四，降低工程成本：通过科学的管理手段，合理安排施工进度，减少材料浪费、人工浪费等现象，有助于降低工程成本。

第五，环境保护与可持续发展：施工现场管理能够确保施工过程中对环境的影响降到最低，保护生态环境，实现可持续发展。

第六，良好的社会形象：整洁、有序的施工现场体现了施工企业的管理水平，有助于树立良好的社会形象。

第七，应对突发事件：完善的施工现场管理有助于及时发现和应对突发事件，降低损失。

第八，提升企业竞争力：通过实施高效、规范的施工现场管理，提升企业的整体竞争力。

总之，土木工程施工现场管理对于保障工程质量、安全，提高施工效率，降低成本，保护环境，提升企业形象及竞争力具有重要意义。

二、土木工程施工现场管理存在的问题

（一）施工前期存在问题

在土木工程施工过程中，图纸审核的重要性不容忽视。一旦图纸审核不到位，施工过程中就可能出现与施工要求不符的情况，从而导致施工质量的降低。细致入微的图纸审核能够及时发现并解决设计中的问题，确保施工顺利进行。

另外，施工预算与实际施工的出入也是一个需要关注的问题。如果没有采用科学的技术方法进行合理的核算，施工成本就难以得到有效控制，从而导致成本偏高，给施工企业带来经济上的压力。因此，施工企业应当不断提高预算编制和核算水平，以确保项目成本控制在合理范围内。

此外，施工材料设备和施工准备的充分性也对工程质量与进度产生重要影响。如果施工材料设备准备不足，设备没有经过严格的检查，正式施工时就可能出现机器故障等问题，严重影响房屋建设的进度。为此，施工企业应确保施工材料设备的充足和完好，并对设备进行定期检查和维护，以确保施工过程的顺利进行。

综上所述，图纸审核、预算核算和施工材料设备准备的充分性是保障土木工程施工质量、进度和经济效益的关键因素。施工企业应当不断提高管理水平，采用科学的方法进行管理和控制，以降低施工成本，提高工程质量，确保项目顺利进行。

（二）管理体系有待完善

任何一项工作的有序实施都需要建立在健全的制度之上，制度能够有效地约束人们的行为。我国土木工程房屋建设缺乏完善的管理体系，导致管理缺乏统一的安排和

部署，在实际工作中极为混乱，也没有准确设立各个环节的质量管理目标。在施工过程中缺乏统一的施工标准，无法保证最终的施工质量。企业虽然制定了现场管理制度，但是有一些人并没有按照要求进行施工管理。他们的专业能力较差，管理意识淡薄，严重影响了房屋施工进度，也降低了工程质量，甚至还会引起安全事故的发生。此外，企业的奖惩制度不健全，减弱了员工的工作积极性，员工的施工行为较随意，整体质量管理工作流于形式，无法真正落实质量管理。

（三）管理队伍综合素质不高

土木工程房屋建筑是较为复杂、涉及面较广的工程，需要运用多种知识，要求管理人员具备相应的法律法规意识，具备专业的基础知识和管理经验才能发挥作用。但我国大部分建筑施工企业管理人员的综合素质不高，缺乏专业知识，不能及时找出施工过程中存在的问题，也无法对问题进行科学处理。管理队伍的工作能力较低，导致整体施工水平落后。

三、土木工程施工现场管理原则

土木工程施工现场要在科学合理的基础上，做到人力、物力、财力的优化配置。施工过程要严格规范流程并采用标准的操作方法，强化技术管理。为了实现和获得更高的经济效益和社会效益，在实际生产过程中需要注重成本的控制，杜绝浪费。施工现场管理应标准化、规范化、严谨化，要想保障土木工程施工顺利，各个环节应统一，杜绝随意性，严格按照步骤实施工序，提升施工工程的整体效率。

土木工程施工现场管理原则主要包括以下几点。

第一，合规性原则：遵循国家和地方政府有关法律法规、行业标准、规范及施工合同的规定，确保施工现场的管理工作合法合规。

第二，安全第一原则：将安全生产放在施工现场管理的首要位置，加强安全管理，预防和减少安全事故的发生，保障人员生命安全和财产安全。

第三，质量为本原则：注重施工质量，严格按照设计文件和施工标准进行施工，确保工程质量符合相关规定和要求。

第四，环保优先原则：强化施工现场环境保护工作，减少施工过程中对环境的污染和破坏，提高环境保护意识。

第五，节约资源原则：合理利用施工过程中的各种资源，降低材料、能源和人工的浪费，提高施工效益。

第六，科学组织原则：根据工程项目的特点和需求，科学合理地组织施工进度、人力、物力和财力等资源，提高施工效率。

第七，文明施工原则：加强施工现场文明施工管理，营造整洁、有序、安全的施工环境，提升企业形象。

第八，全面管理原则：实施全方位、全过程的施工现场管理，强化现场监督与检查，确保施工现场各项工作的有序进行。

第九，团队合作原则：加强施工现场各部门之间的沟通与协作，形成合力，共同完成施工任务。

第十，持续改进原则：不断总结施工现场管理经验，积极探索和创新管理方法，提高施工现场管理水平。

遵循以上原则，施工企业可以更好地进行施工现场管理，确保工程质量、安全、进度和成本控制，为企业创造更高的效益。

四、土木工程施工现场管理的优化措施

（一）建立健全管理制度

健全的管理制度包括多个方面，建筑企业要完善质量管理体系，根据施工的实际情况和市场需求制定管理方案。通过完善的质量管理体系，让每一名员工明确自己的工作职责，严格约束自己的行为。要定期抽查施工质量，落实奖惩制度，对操作随意的工作人员进行惩罚，对表现优异的工作人员进行奖励，提升员工的积极性，保证土木工程每一个环节的质量。

（二）培养优质的管理队伍

建筑施工企业在招聘管理人员时要提高招聘标准，应聘用具备管理基础知识、专业技能和经验丰富的人才。针对在职管理人员加强培训，提高管理人员的自身素质，提升员工的信息技术应用水平，使其拥有创新意识，与时俱进地做好房屋建筑施工的管理工作，保证房屋建筑施工质量达标。

（三）准确应用图纸、材料、技术

在土木工程正式施工前，要进行施工技术图纸和施工现场实际情况的对比。技术人员要非常了解图纸的内容和要求，结合实际情况进行有效的施工，保证施工的安全和质量。制定土木工程现场施工材料的检验制度。施工材料和设备质量的好坏对房屋土木工程的质量有着重要的影响。要建立材料检验制度，严把质量关。检测技术人员要进行严格的检测，保证材料的质量，有效推动施工的正常进行。要建立资料管理制度，完善的资料可以反映房屋土木工程在长期施工中的生产经营实践的技术标准，使工作人员了解整个工程的细节。资料管理需要相关人员进行审定、整理和分类，能够真实反映房屋土木工程的施工管理技术情况，可以为维护和扩建工作提供相应的理论基础，保证后期工作的顺利进行。

（四）落实质量监督工作

要根据土木工程现场施工的不同特点，有针对性地采取技术管理措施，把相关责任落实到具体部门。要提高现场管理人员的专业素质及管理水平，落实现场施工管理制度，做好质量监督工作，形成更加有序的施工现场作业。

施工企业只有不断完善施工技术，充分运用先进的设备和工艺，加强现场施工管理，才能提升土木工程质量。要不断发挥施工技术及现场施工管理的作用，提升土木工程施工水平。

第五节　土木工程建设过程中的成本管理

一、土木工程项目施工成本管理概述

施工项目的成本管理作为控制成本，提高效益的核心内容，被越来越多的施工单位所重视。在保证安全质量的前提之下，做好施工项目的成本管理工作将有助于使建设投资的成本发挥出最大的作用，各施工企业需要针对如何有效做好施工项目的成本管理控制工作问题，进行一番仔细的研究和分析。

（一）工程项目施工成本、施工成本管理概念的解读

1. 工程项目施工成本概念的解读

所谓施工成本，指的是在建设项目的施工过程中所发生的全部生产费用的总和，包括消耗的原材料、辅助材料、构配件等费用，周转材料的摊销或租赁费，和施工机械的使用费或租赁费，支付给工人的工资、奖金、工资性质的津贴等，以及进行施工组织与管理所发生的全部费用支出。一句话概括就是某工程项目在施工中所发生的全部生产费用的总和。所以，在理解时重点记住定义的第一句，后面的均属补充和说明。这样看来，其实并不难理解。

2. 工程项目施工成本管理的概念解读

在充分消化了解了施工成本的概念之后，项目工程的施工成本管理的含义就更好理解了。即根据建筑施工的实际情况，采取有效的成本控制措施，把经济成本减低到最小，使其符合制订的成本控制计划，从而使工程项目的经济效益达到最优化的过程。

（二）工程项目施工成本管理的特点

由于成本费用的控制始终贯穿于整个项目的施工过程，因此要想做好其工作，必须应该对其管理的特点认识清楚。土木工程项目的建设由于具有自身行业的特殊性的限制，所以使得施工成本的管理工作变得异常困难，还要应对各种外界因素的影响。例如：天气、地质、政策法规、技术标准、设计文件等原因，都导致了施工项目的成本控制措施难以实行。因此，需要掌握其事先控制的特点，在工程开工之初，就应该制订计划、利用恰当的技术来完成目标。同时还要注意将企业各部门之间紧密联系，协同合作，明确责任，进而共同完成成本经济的控制工作，做好施工成本控制的工作还会推动企业进行经济责任制度的建立，把施工成本控制工作当作重点，使施工人员责任意识更强烈，态度更积极，责任更明确。

二、施工成本管理控制的有效办法

（一）从“人、材、机”三个方面入手来进行施工成本管理控制

（1）对施工人员的成本控制教育和管理。在施工项目的建设当中，若想做好施工

成本管理控制的工作，首先应该培养员工的经济成本控制意识，端正其态度。因为施工单位作为工程的直接建造者，是保证工程经济质量的主要负责人，有责任更有义务做好经济成本的控制措施。尤其是现场的一线人员，他们是每天接触实际工程建设最多的人，经验最多，更具话语权。不应该把控制成本造价的事全部推给财务部和项目部，只要是工程的参与人员都应该给予足够的重视并参与进来。所以，做好施工人员的经济成本控制教育宣传是很有必要的。其次，在工程施工前，一定要分配好工作，明确责任制度，使经济控制工作更细化。比如：某施工企业，其项目负责人在工程开工初期，制定了详细的责任规章制度，挂到了墙上，让相关人员在责任书上签字，以方便各岗位人员知晓并遵守，同时也有利于责任追究。这就不失为一个有效控制施工成本的好方法。从每一个工程分项甚至每一道工序，来使责任细化，从而在工程的细节当中来控制经济成本。最后，做好施工进度计划和安排，有效利用人力资源，合理分配时间，使工程做到效率、质量两不误。在工程的每部分施工之前，做好安全技术交底，明确岗位责任，从而提高工作效率。

（2）严把材料质量关，采购合理适度。工程建设中，材料在经济成本控制中占有很大的比例，为了做到节约成本，施工单位必须加强对材料的采购和使用管理，这样才能提高使用效率，减少浪费，降低经济损失。在进行材料购买之前，要做一份详细的采购申请计划，为了保证其准确合理，必须提前做好计算。对购买厂家的选择上要参考其材料质量、口碑，择优选购。同时为了方便财务人员核算账目，采购员需将采购材料厂家、数量、价格等基本情况做成表格，提供给相关人员检查，此举更有利于监督检查。在材料的使用方面，要尽可能做到循环利用，注意材料的损耗管理，提高其利用价值。

（3）注意机械设备的管理维护。除了人力、材料的管理之外，还要注意现场机械设备的维护管理。施工管理人员要制定相应责任制度，指派固定人员定期维修保养，同时记录好机械种类、数量、台班数，及时计算好台班费用，这样既提高了工作效率又保证了工程质量，从而大大减少了经济损失。

（二）从现场签证方面来进行施工成本管理控制

（1）施工现场技术环节签证管理。项目施工中，需要签证文件众多，必须保证其准确性和合理性，这样才能有效进行经济成本控制。例如：针对项目中的隐蔽工程，在做完其工程签证时，应该仔细保管和核对，严把签证关，减少因丢失错误造成的成本核算有误的情况。同时注意使隐蔽工程文件资料记录准确、数据合理真实，如此，才能确保签证工作的顺利进行。

（2）落实现场签证的责任分配，保证签证文件的真实可靠。在进行现场签证的管理过程中，应该建立一个完善的责任管理制度，明确现场人员的监督控制职责，全程对经济投资成本进行严密监控。具体做法表现为对签证文件的仔细审核，包括内容、数量、价格、日期结算方式等都是要检查的项目，同时注意相关单位代表的签字、盖章，保障真实有效，并且拒绝补签，一定要同步工程的进度，做到及时不拖延。

（3）加强签证人员素质和知识培养。由于施工现场中很多人员对成本造价控制管理不擅长，缺乏这方面的专业知识，再加上成本控制意识薄弱，使得现场的签证管理形成了很大困难。所以必须提高施工人员的业务知识，转变观念，加强成本造价控制这方面的知识培训。例如：施工单位可以请专业工程核算造价人员来到现场进行知识培训，业务讲解，使全部企业人员都有所收获，弥补自己的专业知识的不足，进而做好签证管理工作，有效控制经济成本。

总之，为了不断提高工程项目的施工质量和经济效益，建立一个完整的施工成本管理体系是非常必要的，它是有效降低投资成本，使经济利润实现最大化的重要途径。随着土木工程管理水平的提高，通过在实践中不断总结经验和教训，未来的施工成本管理工作一定会更加全面更加完善，从而推动企业不断发展进步。

三、土木工程建设中的成本问题与控制措施

（一）当前土木工程成本控制中存在的问题

1. 成本控制的合理性有偏差

近年来，我国建筑行业取得了显著的进步，市场规模不断扩大，社会上的建筑企业数量也随之增多。在激烈的市场竞争中，各建筑企业纷纷寻求突破，以提高自身的竞争力。然而，在土木工程实施阶段，大部分企业将主要精力集中在招投标和完工验收这两个环节，认为只要顺利完成这两个阶段，就能够保证项目的成功。因此，他们往往忽视了土木工程成本的全面管理，认为没有必要在这方面投入大量精力。

然而，这种观念是不全面的。土木工程成本的全面管理不仅包括施工过程中的成本控制，还包括项目策划、设计、招投标、施工、验收等各个阶段的成本预测、控制

和分析。只有对土木工程成本进行全面、系统的管理，才能确保项目在预算范围内顺利完成，提高企业的经济效益。

此外，忽视土木工程成本管理还可能导致以下几个问题。

第一，资源浪费：在施工过程中，缺乏成本控制可能导致材料、人力等资源的浪费，增加企业的成本负担。

第二，工期延误：成本管理不善可能导致施工过程中出现资金短缺，进而影响工程进度，甚至导致工期延误。

第三，质量问题：为了节省成本，施工方可能采取降低质量的行为，从而影响工程的整体质量和安全。

第四，合同纠纷：成本管理不到位可能导致工程款项支付不及时，进而引发合同纠纷，对企业声誉造成损害。

因此，建筑企业在面对激烈的市场竞争时，应认识到土木工程成本全面管理的重要性，并采取有效措施加强这方面的工作。只有这样，企业才能在竞争中脱颖而出，实现可持续发展。

2. 项目设计标准不科学

在项目设计阶段，一些建筑企业未能充分关注成本控制的重要性，从而导致设计方案不尽合理、材料选型缺乏经济性等问题。这种现象可能会在施工阶段引发一系列负面影响，包括成本大幅度增加、施工进度受阻、质量风险上升等，进而对整个项目的经济效益产生严重影响。

首先，在设计阶段未能充分关注成本控制，可能导致设计方案不合理。过于追求外观美观、功能齐全或者技术先进，可能会导致项目成本过高，超出预算范围。这种情况在施工阶段会表现为成本压力增大，企业资金链紧张，影响项目的顺利进行。

其次，材料选型不经济也是设计阶段成本控制不充分的表现。一些企业在材料选型过程中，未能充分比较各类材料的性能、价格等因素，导致选用的材料成本较高或质量不合格。这将在施工过程中增加材料采购、施工费用等方面的成本，进而降低项目的经济效益。

此外，未能在设计阶段充分关注成本控制，还可能导致施工过程中的质量问题。由于设计方案不合理、材料选型不经济，施工过程中可能出现构造细节处理不当、施工困难等问题，从而影响工程质量。严重的质量问题可能导致项目投入使用后出现安全隐患，增加后期维修成本。

3. 存在虚报工程成本现象

由于企业财务管理上的疏忽和对成本控制的不力，部分工程人员利用一些不正当手段，例如虚开增值税发票，与乙方勾结瞒报、谎报工程成本。这些行为不仅损害了企业的经济利益，还可能导致企业陷入法律纠纷，对企业的长远发展造成严重影响。

首先，虚开增值税发票是一种常见的违法行为。部分工程人员为了逃避税收或获取不正当利益，会采取虚开发票的手法。这种行为不仅违反了税收法规，还可能导致企业被列入税收黑名单，影响企业的信誉和声誉。

其次，与乙方合谋瞒报工程成本也是一种严重损害企业利益的行为。部分工程人员为了个人私利，与乙方串通，低报工程成本，从而使企业无法准确掌握项目的实际花费。这会导致企业资金流失，降低项目效益，甚至可能影响企业的生存发展。

此外，瞒报谎报工程成本还可能导致项目质量问题。由于成本被低估，施工过程中可能出现资金不足、材料不合格等情况，进而影响工程质量。严重的质量问题可能导致项目投入使用后出现安全隐患，对企业和社会造成不良影响。

（二）土木工程管理中成本有效控制措施

1. 强化工程项目成本控制与分析

强化工程项目成本控制对于提高企业效益、降低风险和推动行业健康发展具有重要意义。为了强化工程项目成本控制，以下几个方面值得关注。

第一，建立健全成本控制体系：企业应建立完善的项目成本控制制度，明确成本控制的目标、任务和责任划分。通过制定合理的目标成本、动态成本分析和成本控制措施，确保项目成本控制在计划范围内。

第二，提高成本估算准确性：在项目前期，企业应充分调研市场、技术与政策等因素，提高成本估算的准确性。合理的成本估算有助于项目决策、资金筹备和项目进度安排。

第三，加强设计阶段成本控制：设计阶段是成本控制的关键环节。企业应优化设计方案，遵循经济性、实用性和美观性原则，确保设计方案合理、可行。此外，应加强设计变更管理，降低设计错误和频繁变更导致的成本增加。

第四，实施全过程成本控制：企业应将成本控制贯穿于项目实施的全过程，从项目策划、设计、施工到竣工验收，确保各个阶段成本控制措施的落实。全过程成本控制有助于发现和解决问题，降低成本风险。

第五，应用信息技术：企业可利用现代信息技术，如大数据、云计算等，对项目成本进行实时监控和分析。信息技术有助于提高成本控制的精度和效率，为企业节省成本。

第六，加强内外部沟通协调：企业应加强内部各部门之间的沟通与协调，确保项目成本控制措施的顺利实施。同时，与合作伙伴、政府部门等保持良好沟通，争取有利条件，降低成本。

2. 完善工程成本的价格依据和计价方法

在项目前期，企业应充分调研市场、技术和政策等因素，制定合理的预算成本。预算成本应包括工程量清单、材料价格、人工费用、施工设备租赁费等，以确保项目在预算范围内完成。企业应根据项目的特点和需求，选择合适的计价方法。常见的计价方法包括固定总价、单价合同、成本加成等。合理的计价方法有助于明确双方责任，降低合同风险。企业应密切关注市场材料价格波动，采取集中采购、签订长期供应合同等措施，降低材料成本。同时，合理利用当地资源，选择性价比高的材料，以降低整体成本。企业应根据项目实际情况，制定合理的施工方案，确保施工过程的高效、安全、低成本。通过优化施工方法、提高劳动生产率、降低施工损耗等手段，降低项目成本。在项目实施过程中，企业应严格控制工程变更，避免不必要的成本增减。对于确实需要变更的部分，应充分评估变更对成本的影响，确保项目整体成本控制在计划范围内。企业应建立健全动态成本监控机制，对项目成本进行实时跟踪和分析。通过与预算成本进行对比，发现并及时解决问题，确保项目成本控制在计划范围内。企业应加强成本核算和分析，对项目成本进行深入分析，找出成本波动的原因，为未来项目提供有益的参考。通过成本分析，企业可以不断优化成本控制策略，提高成本管理水平。

3. 建立成本信息咨询服务系统

成本信息咨询服务系统的建立应以提高成本管理效率、降低项目成本、促进企业核心竞争力为目标。企业应全面搜集并整理各类成本信息，包括材料价格、人工费用、设备租赁费等。建立和完善数据库，为成本咨询提供准确、全面的数据支持。确保数据库中的信息实时更新，密切关注市场动态，及时调整材料价格、工资水平等信息，以保证成本咨询服务的准确性。组建一支具备丰富成本管理经验和专业技能的团队，负责系统维护、数据更新以及提供成本咨询服务。明确咨询服务流程，包括项目需求分析、成本估算、成本控制、成本分析等环节，确保项目成本管理的顺利进行。提供多样化的咨询服务方式，如在线咨询、电话咨询、线下研讨会等，以满足不同用户的需求。

该系统将为企业提供准确、及时的成本信息支持，有助于提高项目成本管理水平，降低项目成本，从而提高企业竞争力和市场份额。同时，有助于推动建筑行业整体水平的提升，促进行业健康发展。

4. 进一步提升工程成本预算管理人员的整体素质

进一步提升工程成本预算管理人员的整体素质对于提高项目成本管理水平、降低成本风险以及推动建筑行业健康发展具有重要意义。以下几个方面有助于提升工程成本预算管理人员的整体素质。

第一，加强教育培训：组织定期的成本预算管理培训课程，提高管理人员对成本预算管理理论、方法和技巧的掌握。培训内容应涵盖成本估算、成本控制、成本分析等方面，以提高管理人员的专业素养。

第二，案例分析：通过分析成功和失败的成本预算管理案例，使管理人员深入了解成本预算管理的实际操作，提高解决问题的能力和经验。

第三，跨部门交流与合作：鼓励成本预算管理人员与其他部门密切合作，加强沟通交流，提高协作能力。跨部门合作有助于更好地了解项目实际情况，提高成本预算管理的准确性。

第四，引入绩效考核：建立科学合理的绩效考核体系，对成本预算管理人员的工作绩效进行评估。绩效考核结果与薪酬、晋升等挂钩，激发管理人员的工作积极性和责任心。

第五，培养创新意识：鼓励成本预算管理人员敢于创新，探索新的成本管理方法和技术。创新有助于提高成本预算管理的效率和准确性。

第六，强化职业道德教育：加强对成本预算管理人员的职业道德教育，提高其职业道德水平。诚信、公正、严谨的职业态度对于成本预算管理至关重要。

第七，定期举办内部研讨会：定期举办内部研讨会，邀请行业专家、成功项目负责人等分享经验，促进成本预算管理人员之间的交流与合作，提高整体水平。

第八，外部交流合作：积极参加行业研讨会、论坛等活动，与同行交流成本预算管理经验，了解行业动态，拓宽视野。

第九，注重实践锻炼：安排成本预算管理人员参与实际项目，积累经验，提高其解决实际问题的能力。实践锻炼有助于理论知识与实际操作相结合，提升整体素质。

第十，建立人才培养机制：企业应建立人才培养机制，选拔优秀成本预算管理人员，为其提供更多的发展机会和晋升空间，激发员工长期致力于成本预算管理工作。

通过以上措施，有助于进一步提升工程成本预算管理人员的整体素质。具备高素质的成本预算管理人员将有助于企业提高项目成本管理水平，降低成本风险，从而提高企业竞争力和市场份额。同时，推动建筑行业整体水平的提升，促进行业健康发展。

第六节　工程项目施工中的风险管理

风险管理是指面临风险者进行风险识别、风险估测、风险评价、风险控制，以减少风险负面影响的决策及行动过程。或者说风险管理是在项目实施期间识别和控制能够引起不希望变化的潜在领域和事件的形式、系统的方法。

在工程项目管理中，风险管理是对实现项目目标的主动控制，首先对项目的风险进行识别，然后将这些风险定量化，对风险进行控制。国际上把风险管理看作是项目管理的重要组成部分，风险管理和目标控制是项目管理的两大基础，在发达国家和地区，风险转移是工程风险管理对策中采用最多的措施，工程索赔、工程保险和工程担保是风险转移的常用方法。

一、土木工程常见的主要风险

引起工程项目的风险因素主要指经济方面的风险、合同签订和履行方面的风险以及技术与环境方面的风险等。

（一）经济方面的风险

主要包括：①招标文件。这是招标的主要依据，设计图纸、工程质量要求、合同条款以及工程量清单等都存在潜在的风险。②要素市场价格。要素市场包括劳动力市场、材料市场、设备市场等，这些市场价格的变化，特别是价格的上涨，直接影响着工程承包价格。③金融市场因素。金融市场因素包括存贷款利率变动、货币贬值等都影响到施工企业的经济效益。④资金、材料、设备供应。主要表现为工程发包人供应的资金、材料或设备质量不合格或供应不及时等。⑤国家政策调整。国家对工资、税种和税率等方面实行宏观调控都会给施工企业带来一定的经济风险。

（二）合同签订和履行方面的风险

主要包括：①存在缺陷、显失公平的合同。合同条款不全面、不完善，文字不细致、不严密，致使合同存在漏洞。存在不完善或没有转移风险的担保、索赔、保险等相应条款，缺少因第三方影响造成工期延误或经济损失的条款，存在单方面的约束性、过于苛刻的权利等不平衡条款，即所谓霸王条款。②发包人资信因素。工程发包人经济状况恶化，导致履约能力差，无力支付工程款。工程发包人信誉差，不诚信，不按合同约定结算，有意拖欠工程款等。③分包方面。由于选择分包商不当，遇到分包商违约，不能按质按量按期完成分包工程，从而影响整个工程的进度或发生经济损失。④履约方面。合同履行过程由于发包人派驻工地代表或监理工程师的工作效率低下，不能及时解决遇到的问题，甚至发出错误指令等。

（三）技术与环境方面的风险

一般是指不可控方面的风险，主要包括：①地质地基条件。工程发包人提供的地质资料和地基技术要求有时与实际出入很大，处理异常地质情况或遇到其他障碍物都会增加工作量和延长工期。②水文气象条件。主要表现为异常天气的出现，如台风、暴风雨（雪）、洪水、泥石流、坍方等不可抗力的自然现象和其他影响施工的自然条件都会造成工期拖延和财产损失。③施工准备。由于业主提供的施工现场存在周边环境等方面自然与人为的障碍或“三通一平”等准备工作不足，导致施工企业不能做好施工前的准备工作，给正常施工带来困难。④设计变更或图纸供应不及时。设计变更或设计图纸供应不及时，会延误施工进度造成施工企业经济损失。⑤技术规范。尤其是技术规范以外的特殊工艺，由于发包人没有明确采用的标准、规范，在工序过程中又未能较好地进行协调和统一，影响以后工程的验收和结算。⑥施工技术协调。工程施工过程出现与自身技术专业能力不相适应的工程技术问题，各专业间存在不能及时协调的困难；工程发包人管理施工水平差，对承包人提出需要发包人解决的技术问题，未能及时答复等。⑦地方安全风险。如施工现场或办公场地恐怖活动的突然出现，某一地区发生战争以及当地治安环境的恶化等都会给工程项目带来经济风险。

二、工程项目风险防范的方式

对于工程项目风险的防范通常是建立风险管理策略和规划，并在工程项目的生命周期中不断控制风险。

制定风险管理策略和规划的依据。

（1）工程项目规划中包含或涉及的有关内容，如项目目标、项目规模、项目利益相关者情况、项目复杂程度、所需资源、项目时间段、约束条件及假设前提等可作为规划的依据。

（2）项目组织及个人所经历和积累的风险管理经验及实践。

（3）决策者，责任方及授权情况。

（4）项目利益相关者对项目风险的敏感程度及可承受能力。

（5）可获取的数据及管理系统情况。

（6）风险管理模板，以使风险管理标准化、程序化。

风险管理规划的方法及内容：风险管理规划一般通过规划会议的形式制定。风险管理规划将针对整个项目生命周期制定如何组织和进行风险识别、风险评估、风险量化、风险应对计划及风险监控的规划。风险管理规划应包括：方法、人员、时间周期、类型级别及说明、基准、汇报形式、跟踪。

经过风险管理策略和规划，我们防范风险一般可采取控制风险、转移风险和保留风险三种方式。

三、工程项目防范风险的措施

（一）以施工合同为基础的索赔

索赔的证据包括招投标文件、会议纪要、来往信函、指令或通知、施工组织设计、施工现场的各种记录、工程照片、气象资料、各种验收报告、有关原始凭证、国家发布的相关规定及有效信息。在对业主索赔过程中，把协商或合同解决经济损失作为上策，若确实协商无法解决，可收集充足的证据，并在有效时限内诉诸法律解决，特别是对于那些诚信度极低且恶意“玩空手道”拖欠工程款的业主，只有将其送上被告席。

（二）防范违法工程的风险

此类风险主要出现在议标工程中，防范的途径：①了解业主和有关部门落实的工程是否合法。②如果其合法性得不到落实，合同约定支付高比例的进度款和中间结算，切勿垫资；或要求对方和第三方提供担保，以保证工程款的支付及非自己原因导致的损失，其担保由对方承担。

（三）防范"烂尾楼"工程的风险

施工企业的风险在于工程款不能回收，停、窝工损失得不到赔偿。防止风险发生的途径，不承诺垫资，履约保证金只能出具保函，一旦拖欠进度款，即向其发出限期催款函，如仍不支付，则果断停工（这是行使合同法中的不安抗辩权），除非业主支付或提供了充分适当的担保，方可继续施工。

（四）防范垫资工程的风险

垫资施工风险的规避可从两方面进行：①要求业主请第三方提供充分、适当的担保（如银行保函、抵押等）。②风险转移给材料商和分包商。我国《合同法》规定了债权、债务和合同的转让，施工企业的工程款项的债权转让给分包商和材料商不需经业主同意，只需通知业主就行了。但债权转让必须注意以下几点：①分包合同、材料购销合同的约定支付额度不得高于总包合同约定的进度款的支付额度。②分包工程的核量和材料购销的对账要及时准确。③分包合同和材料购销合同应明确约定；当业主拖欠总包工程款的额度大于分包欠款或材料欠款比例时，或者由于分包人原因致使总包工程款不能按合同规定的时间确认时，分包商、材料商收到总包人债权转让通知后，同意受让债权额度为总包所欠分包或材料商的债务额度。

（五）防范材料和劳务分包的风险

分包合同一定要与有独立承担民事责任的法人单位签订，即使有时合同细节尚未落实而需先行进场，也应先签订一个非常简单的协议，表明分包单位是能独立承担民事责任的法人单位。

由于土木工程在建设过程中存在着越来越多的不确定性因素，风险管理正成为工程项目管理日益重要的一个组成部分。土木工程由于其投资规模大、建设周期长、生产的单件性和复杂性等特点，在实施过程中存在着施工不确定的因素，受到天气、地质条件、市场材料等的影响大，因此比一般产品生产具有更大风险，通过有效的风险管理可以减小或者避免损失，因此进行风险管理就显得尤为重要。

第四章　土木工程施工组织计划

第一节　施工组织概论

一、施工准备工作

现代企业管理的理论认为，企业管理的重点是生产经营，而生产经营的核心是决策。工程项目施工准备工作是生产经营管理的重要组成部分，是对拟建工程目标、资源供应和施工方案的选择，是对空间布置和时间排列等诸方面进行的施工决策。

（一）施工准备工作的重要性

现代的建筑施工是一项错综复杂的生产活动，它不但需要耗用大量的材料、动用大批的机具设备、组织安排成百上千的各类专业工人进行施工操作，而且还要处理各种复杂的技术问题，协调内部、外部的各种关系，真可谓涉及面广、情况复杂、千头万绪。如果事先没有统筹安排或准备得不充分，势必会使某些施工过程出现停工待料、延长施工时间、施工秩序混乱的情况，致使工程施工无法正常进行。因此，事先全面细致地做好施工准备工作，对调动各方面的积极因素，合理组织人力、物力，加快施工进度，提高工程质量，节约资金和材料，提高企业的经济效益，都将起到重要作用。

施工阶段的施工程序是：施工准备、土建施工、设备安装、竣工验收交付使用。其中施工准备工作的基本任务是为拟建工程施工建立必要的技术、物资和组织条件，统筹安排施工力量和布置施工现场，确保拟建工程按时开工和持续施工。实践经验证明，严格遵守施工程序，按照客观规律组织施工，及时做好各项施工准备工作，是工程施工能够顺利进行和圆满完成施工任务的重要保证。

（二）施工准备工作的分类

1. 按施工准备工作的范围分类

（1）全场性施工准备。它是以一个建筑工地为对象而进行的各项施工准备工作，其目的和内容都是为全场性施工服务的，同时也兼顾单位工程施工条件的准备工作。

（2）单位工程施工条件的准备。它是以一个建筑物或构筑物为对象而进行的各项准备工作，其目的和内容都是为该单位工程创造施工条件做准备工作，确保单位工程按期开工和持续施工，同时也兼顾分部分项工程施工条件的准备工作。

（3）分部分项工程作业条件的准备。它是以一个分部或分项工程或冬、雨期施工工程为对象而进行的各项作业条件的准备工作。

2. 按拟建工程所处的施工阶段分类

（1）开工前的施工准备。它是拟建工程开工前所进行的各项施工准备工作，其目的是为拟建工程正式开工和在一定的时间内持续施工创造必要的施工条件。它包括全场性施工准备和单位工程施工条件的准备。

（2）各施工阶段施工前的准备。它是拟建工程开工后，每个施工阶段正式开工前所做的各项施工准备工作，其目的是为各施工阶段正式开工创造必要的条件。如一般民用土木工程施工，可分为地基与基础工程、主体工程、屋面工程和装修工程等施工阶段，每个施工阶段的施工内容不同，所需要的技术条件、物资条件、施工方法、组织措施要求及现场平面布置等方面也就不同，所以，每个施工阶段开始前，均要做好相应的施工准备工作。

由此可以看出，不仅在拟建工程开工之前要做好施工准备工作，而且随着工程施工的进展，在各施工阶段开工之前也要做好施工准备工作。施工准备工作既有阶段性，又有连续性，因此施工准备工作必须有计划、有步骤、分期、分阶段地进行，要贯穿拟建工程整个建造过程的始终。

（三）施工准备工作的内容

施工准备工作通常包括技术资料准备、施工现场准备、物资准备、施工组织准备和对外工作准备五个方面。

1. 技术资料准备

技术资料准备即通常所说的“内业”工作，是施工准备工作的核心，是确保工程质量、工期、施工安全和降低工程成本、增加企业经济效益的关键。其主要内容包括熟悉与会审施工图纸、调查研究与收集资料、编制施工组织设计、编制施工预算文件。

(1) 熟悉与会审施工图纸。

①熟悉与会审施工图纸的目的。

a. 充分了解设计意图、结构构造特点、技术要求、质量标准，以免发生施工指导性错误。b. 及时发现施工图纸中存在的差错或遗漏，以便及时改正，确保工程顺利施工。c. 结合具体情况，提出合理化建议和协商有关配合施工等事宜，以便确保工程质量、安全，降低工程成本和缩短工期。

②熟悉施工图纸的要求和重点内容。

熟悉施工图纸的要求先粗后细，先小后大，先建筑后结构，先一般后特殊，图纸与说明结合，土建与安装结合，图纸要求与实际情况结合。

熟悉施工图纸的重点内容：a. 基础部分，应核对建筑、结构、设备施工图纸中有关基础留洞的位置尺寸、标高，地下室的排水方向，变形缝及人防出口的做法，防水体系的包圈和收头要求等是否一致和符合规定。b. 主体结构部分，主要掌握各层所用砂浆、混凝土的强度等级，墙、柱与轴线的关系，梁、柱配筋及节点做法，悬挑结构的锚固要求，楼梯间的构造做法等，核对设备图和土建图上洞口的尺寸与位置关系是否准确一致。c. 屋面及装修部分，主要掌握屋面防水节点做法，内外墙和地面等所用材料及做法，核对结构施工时为装修施工设置的预埋件、预留洞的位置、尺寸和数量是否正确。在熟悉图纸时，对发现的问题应在图纸的相应位置做出标记，并做好记录，以便在图纸会审时提出意见，协商解决。

③施工图纸会审。

施工图纸会审一般由建设单位组织，设计单位、施工单位参加。会审时，首先由设计单位进行图纸交底，主要设计人员应向与会者说明拟建工程的设计依据、意图和功能要求，并对特殊结构、新材料、新工艺和新技术的选用和设计进行说明；然后施工单位根据熟悉审查图纸时的记录和对设计意图的理解，对施工图纸提出问题、疑问和建议；最后在三方统一认识的基础上，对所探讨的问题逐一做好协商记录，形成“图纸会审纪要”，由建设单位正式行文，参加会议的单位共同会签、盖章，作为与施工图纸同时使用的技术文件和指导施工的依据，并列入工程预算和工程技术档案。

施工图纸会审的重点内容如下。

a. 审查拟建工程的地点、建筑总平面图是否符合国家或当地政府的规划，是否与规划部门批准的工程项目规模形式、平面立面图一致，在设计功能和使用要求上是否符合卫生、防火及美化城市等方面的要求。

b. 审查施工图纸与说明书在内容上是否一致，施工图纸是否完整、齐全，各种施工图纸之间或各组成部分之间是否有矛盾和差错，图纸上的尺寸、标高、坐标是否准确、一致。

c. 审查地上与地下工程、土建与安装工程、结构与装修工程等施工图之间是否有矛盾或施工中是否会发生干扰，地基处理、基础设计是否与拟建工程所在地点的水文、地质条件等相符合。

d. 当拟建工程采用特殊的施工方法和特定的技术措施，或工程复杂、施工难度大时，应审查本单位在技术上、装备条件上或特殊材料上、构配件的加工订货上有无困难，能否满足工程质量、施工安全和工期的要求；采取某些方法和措施后，是否能满足设计要求。

e. 明确建设期限、分期分批投产或交付使用的顺序、时间；明确建设、设计和施工单位之间的协作、配合关系；明确建设单位所能提供的各种施工条件及完成的时间，建设单位提供的材料和设备的种类、规格、数量及到货日期等。

f. 对设计和施工提出的合理化建议是否被采纳或部分采纳；施工图纸中不明确或有疑问之处，设计单位是否解释清楚等。

（2）调查研究、收集资料。

我国地域辽阔，各地区的自然条件、技术经济条件和社会状况等各不相同，因此，必须做好调查研究，了解当地的实际情况，熟悉当地条件，掌握第一手资料，作为编制施工组织设计的依据。其主要内容包括技术经济资料的调查、建设场址的勘察、社会资料的调查等。

（3）编制施工组织设计。

施工组织设计是规划和指导拟建工程从施工准备到竣工验收的施工全过程中各项活动的技术、经济和组织的综合性文件。施工总承包单位经过投标、中标承接施工任务后，即开始编制施工组织设计，这是拟建工程开工前最重要的施工准备工作之一。施工准备工作计划则是施工组织设计的重要内容之一。

（4）编制施工预算。

施工预算是在施工图预算的控制下，按照施工图、拟定的施工方法和土木工程施工定额，计算出各工种工程的人工、材料和机械台班的使用量及其费用，作为施工单位内部承包施工任务时进行结算的依据，同时也是编制施工作业计划、签发施工任务单、限额领料、基层进行经济核算的依据，也是考核施工企业用工状况、进行施工图预算与施工预算的“两算”对比的依据。

2. 施工现场准备

施工现场是参加建筑施工的全体人员为优质、安全、低成本和高速度完成施工任务而进行工作的活动空间；施工现场准备工作是为拟建工程施工创造有利的施工条件和物资保证的基础。其主要内容包括：拆除障碍物，搞好“七通一平”；做好施工场地的控制网测量与放线；搭设临时设施；安装调试施工机具，做好建筑材料、构配件等的存放工作；做好冬雨期施工安排；设置消防、保安设施和机构。

（1）拆除障碍物。拆除施工范围内的一切地上、地下妨碍施工的障碍物，通常是由建设单位来完成，但有时也委托施工单位完成。拆除障碍物时，必须事先找全有关资料，摸清底细；资料不全时，应采取相应防范措施，以防发生事故。架空线路、地下自来水管道、污水管道、燃气管道、电力与通信电缆等的拆除，必须与有关部门取得联系，并办好相关手续后方可进行。最好由有关部门自行拆除或承包给专业施工单位拆除。现场内的树木应报园林部门批准后方可砍伐。拆除房屋时必须在水源、电源、气源等截断后方可进行。

（2）做好施工场地的控制网测量与放线工作。按照设计单位提供的建筑总平面图和城市规划部门给定的建筑红线桩或控制轴线桩及标准水准点进行测量放线，在施工现场范围内建立平面控制网、标高控制网，并对其桩位进行保护；同时还要测定出建筑物、构筑物的定位轴线、其他轴线及开挖线等，并对其桩位进行保护。测量放线是确定拟建工程的平面位置和标高的关键环节，施测中必须认真负责，确保精度，杜绝差错。为此，施测前应对测量仪器、钢尺等进行检验校正；同时对规划部门给定的红线桩或控制轴线桩和水准点进行校核，如发现问题，应提请建设单位迅速处理。建筑物在施工场地中的平面位置是依据设计图中建筑物的控制轴线与建筑红线间的距离测定的，控制轴线桩测定后应提交有关部门和建设单位进行验线，以便确保定位的准确性。沿建筑红线的建筑物控制轴线测定后，还应由规划部门进行验线，以防建筑物压红线或超出红线。

（3）搞好“七通一平”。“七通”包括在工程用地范围内，接通施工用水、用电、道路、通信（电话 IDD、DDD、传真、电子邮件、宽带网络、光缆等）及燃气（煤气或天然气），保证施工现场排水及排污畅通；“一平”是指平整场地。

（4）搭设临时设施。施工现场所需的各种生产、办公、生活、福利等临时设施，均应报请规划、市政、消防、交通、环保等有关部门审查批准，并按施工平面图中确定的位置、尺寸搭设，不得乱搭乱建。为了施工方便和行人安全，应采用符合当地市容管理要求的围护结构将施工现场围起来，并在主要出入口处设置标牌，标明工地名称、施工单位、工地负责人等内容。

（5）安装调试施工机具，做好建筑材料、构配件等的存放工作。按照施工机具的需要量及供应计划，组织施工机具进场，并安置在施工平面图规定的地点或库棚内。固定的机具就位后，应做好搭棚、接电源水源、保养和调试工作；所有施工机具都必须在正式使用之前进行检查和试运转，以确保正常使用。

按照建筑材料、构配件和制品的需要及供应计划，分期分批地组织进场，并按施工平面图规定的位置和存放方式存放。

（6）季节性施工准备。

①冬期施工准备。

a. 合理选择冬期施工项目。冬期施工条件差，技术要求高，施工质量不容易保证，同时还要增加施工费用。因此要求：尽量安排冬施费用增加不多、又能比较容易保证施工质量的施工项目在冬期施工，如吊装工程、打桩工程和室内装修工程等；尽量不安排冬施费用增加较多、又不易保证施工质量的项目在冬期施工，如土方工程、基础工程、屋面防水工程和室外装饰工程；对于那些冬施费用增加稍多一些，但采用适当的技术、组织措施后能保证施工质量的施工项目，也可以考虑安排在冬期施工，如砌筑工程、现浇钢筋混凝土工程等。

b. 冬期施工准备工作的主要内容。包括各种热源设备、保温材料的储存、供应以及司炉工等设备操作管理人员的培训工作；砂浆、混凝土的各项测温准备工作；室内施工项目的保暖防冻、室外给排水管道等设施的保温防冻、每天完工部位的防冻保护等准备工作；冬期到来之前，尽量储存足够的建筑材料、构配件和保温用品等物资，节约冬期施工运输费用；防止施工道路积水成冰，及时清除冰雪，确保道路畅通；加强冬期施工安全教育，落实安全、消防措施。

②雨期施工准备。合理安排雨期施工项目，尽量把不宜在雨期施工的土方、基础工程安排在雨期到来之前完成，并预留出一定数量的室内装修等雨天也能施工的工程，以备雨天室外无法施工时转入室内装修施工；做好施工现场排水、施工道路的维护工作；做好施工物资的储运保管、施工机具设备的保护等防雨措施；加强雨期施工

安全教育，落实安全措施。

③夏季施工准备。夏季气温高，干燥，应编制夏季施工方案及采取的技术措施，做好防雷、避雷工作，此外还必须做好施工人员的防暑降温工作。

（7）设置消防、保安设施和机构。按照施工组织设计的要求和施工平面图确定的位置设置消防设施和施工安全设施，建立消防、保安等组织机构，制定有关的规章制度和消防、保安措施。

3. 物资准备

建筑材料、构配件、工艺机械设备、施工材料、机具等施工用物资是确保拟建工程顺利施工的物质基础，这些物资的准备工作必须在工程开工前完成，并根据工程施工的需要和供应计划，分期分批地运达施工现场，以便满足工程连续施工的要求。

物资进场验收和使用注意事项。

为了确保工程质量和施工安全，施工物资进场验收和使用时，还应注意以下几个问题。

（1）无出厂合格证明或没有按规定进行复验的原材料、不合格的建筑构配件，一律不得进场和使用。严格执行施工物资的进场检查验收制度，杜绝假冒伪劣产品进入施工现场；

（2）施工过程中要注意查验各种材料、构配件的质量和使用情况，对不符合质量要求、与原试验检测品种不符或有怀疑的，应提出复检或化学检验的要求；

（3）现场配制的混凝土、砂浆、防水材料、耐火材料、绝缘材料、保温隔热材料、防腐蚀材料、润滑材料以及各种掺合料、外加剂等，使用前均应由试验室确定原材料的规格和配合比，并制定出相应的操作方法和检验标准后方可使用；

（4）进场的机械设备，必须进行开箱检查验收，产品的规格、型号、生产厂家和地点、出厂日期等，必须与设计要求完全一致。

4. 施工组织准备

施工组织准备是确保拟建工程能够优质、安全、低成本、高速度地按期建成的必要条件。其主要内容包括：建立拟建项目的领导机构；集结精干的施工队伍；加强职业培训和技术交底工作；建立健全各项管理制度。

（1）建立拟建项目的领导机构。项目领导机构人员的配置应根据拟建项目的规模、结构特点、施工的难易程度而定。对于一般的单位工程，可配置项目经理、技术员、质量员、材料员、安全员、定额统计员、会计各一人即可；对于大型的单位工程，项目经理可配副职，技术员、质量员、材料员和安全员的人数均应适当增加。

（2）集结精干的施工队伍。建筑安装工程施工队伍主要有基本、专业和外包施工队伍三种类型。基本施工队伍是建筑施工企业组织施工生产的主力，应根据工程的特点、施工方法和流水施工的要求恰当地选择劳动组织形式。土建工程施工一般采用混合施工班组较好，其特点是：人员配备少，工人以本工种为主，兼做其他工作，施工过程之间搭接比较紧凑，劳动效率高，也便于组织流水施工。

专业施工队伍主要用来承担机械化施工的土方工程、吊装工程、钢筋气压焊施工和大型单位工程内部的机电安装、消防、空调、通信系统等设备安装工程，也可将这些专业性较强的工程外包给其他专业施工单位来完成。

外包施工队伍主要用来弥补施工企业劳动力的不足。随着建筑市场的开放、用工制度的改革和建筑施工企业的精兵简政，施工企业仅靠自己的施工力量来完成施工任务已远远不能满足需要，因而将越来越多地依靠组织外包施工队伍来共同完成施工任务。外包施工队伍大致有三种形式：独立承担单位工程施工、承担分部分项工程施工和参与施工单位施工队组施工，以前两种形式居多。

施工经验证明，无论采用哪种形式的施工队伍，都应遵循施工队组和劳动力相对稳定的原则，以利于保证工程质量和提高劳动效率。

（3）加强职业培训和技术交底工作。

建筑产品的质量是由工序质量决定的，工序质量是由工作质量决定的，工作质量又是由人的素质决定的。因此，要想提高建筑产品的质量，必须首先提高人的素质。提高人的素质、更新人的观念和知识的主要方法是加强职业技术培训，不断地提高各类施工操作人员的技术水平。加强职业培训工作，不仅要抓好本单位施工队伍的技术培训工作，而且要督促和协助外包施工单位抓好技术培训工作，确保参与建筑施工的全体施工人员均有较好的素质和满足施工要求的专业技术水平。

施工队伍确定后，按工程开工日期和劳动力的需要量与使用计划，分期分批地组织劳动力进场，并在单位工程或分部分项工程开始之前向施工队组的有关人员或全体施工人员进行施工组织设计、施工计划交底和技术交底。交底的内容主要有：工程施工进度计划、月（旬）作业计划、施工工艺方法、质量标准、安全技术措施、降低成本措施、施工验收规范中的有关要求以及图纸会审纪要中确定的有关内容、施工过程中三方会签的设计变更通知单或洽商记录中核定的有关内容等。交底工作应按施工管理系统自上而下逐级进行，交底的方式以书面交底为主，口头交底、会议交底为辅，必要时应进行现场示范交底或样板交底。交底工作之后，还要组织施工队组有关人员或全体施工人员进行研究、分析，搞清关键内容，掌握操作要领，明确施工任务和分工协作关系，并制定出相应的岗位责任制和安全、质量保证措施。

（4）建立健全各项规章与管理制度。

施工现场各项规章与管理制度是否健全，不仅直接影响工程质量、施工安全和施工活动的顺利进行，而且直接影响企业的施工管理水平、企业的信誉和社会形象，也就是直接影响企业在竞争激烈的建筑市场中承接施工任务的份额和企业的经济效益，为此必须建立健全各项规章与管理制度。

主要的规章与管理制度如下。

①工程质量检查与验收制度；

②工程技术档案管理制度；

③建筑材料、构配件、制品的检查验收制度；

④技术责任制度；

⑤施工图纸学习与会审制度；

⑥技术交底制度；

⑦职工考勤、考核制度；

⑧经济核算制度；

⑨定额领料制度；

⑩安全操作制度；

⑪机具设备使用保养制度。

5. 对外工作准备

施工准备工作除了要做好企业内部和施工现场准备工作外，还要同时做好对外协作的有关准备工作。

（1）选定材料、构配件和制品的加工订购地区和单位，签订加工订货合同；

（2）确定外包施工任务的内容，选择外包施工单位，签订分包施工合同；

（3）施工准备工作基本满足开工条件要求时，应及时填写开工申请报告，呈报上级批准。

（四）对施工准备工作的要求

1. 施工准备工作要有明确分工

（1）建设单位应做好主要专用设备、特殊材料等的订货，建设征地，申请建筑许可证，拆除障碍物，接通场外的施工道路、水源、电源等项工作。

（2）设计单位主要进行施工图设计及设计概算等相关工作。

（3）施工单位主要是分析整个建设项目的施工部署，做好调查研究，收集有关资料，编制好施工组织设计，并做好相应的施工准备工作。

2. 施工准备工作应分阶段、有计划地进行

施工准备工作应分阶段、有组织、有计划、有步骤地进行。施工准备工作不仅要在开工之前集中进行，而且要贯穿整个施工过程的始终。随着工程施工的不断进展，各分部分项工程的施工准备工作都要连续不断地分阶段、有组织、有计划、有步骤地进行。为了保证施工准备工作能按时完成，应按照施工进度计划的要求，编制好施工准备工作计划，并随工程的进展，按时组织落实。

3. 施工准备工作要有严格的保证措施

主要保证措施如下。

（1）施工准备工作责任制度；

（2）施工准备工作检查制度；

（3）坚持基建程序，严格执行开工报告制度。

4. 施工准备工作中应做好四个结合

（1）施工与设计相结合。接到施工任务后，施工单位应尽早与设计单位联系，着重了解工程的总体规划、平面布局、结构形式、构件种类、新材料新技术等的应用和出图的顺序，以便使出图顺序与单位工程的开工顺序及施工准备工作顺序协调一致。

（2）室内准备工作与室外准备工作相结合。室内准备主要指内业的技术资料准备工作，室外准备主要指调查研究、收集资料和施工现场准备、物资准备等外业工作。室内准备对室外准备起着指导作用，而室外准备则为室内准备提供依据或具体落实室内准备的有关要求，室内准备工作与室外准备工作要协调地进行。

（3）土建工程准备与专业工程准备相结合。工程施工过程中，土建工程与专业工程是相互配合进行的，如果专业工程施工跟不上土建工程施工，就会影响施工进度。因此，土建施工单位做施工准备工作时，要告知专业施工单位，并督促和协助专业工程施工单位做好施工准备工作。

（4）前期施工准备与后期施工准备相结合。

5. 开工前对施工准备工作进行全面检查

单位工程的施工准备工作基本完成后，要对施工准备工作进行全面检查，具备了开工条件后，应及时向上级有关部门报送开工报告，经批准后即可开工。单位工程应具备的开工条件如下。

（1）施工图纸已经会审，并有会审纪要。

（2）施工组织设计已经审核批准，并进行了交底工作。

（3）施工图预算和施工预算已经编制和审定。

（4）施工合同已经签订，施工执照已经办好。

（5）现场障碍物已经拆除或迁移完毕，场内的“三通一平”工作基本完成，能够满足施工要求。

（6）永久或半永久性的平面测量控制网的坐标点和标高测量控制网的水准点均已建立，建筑物、构筑物的定位放线工作已基本完成，能满足施工的需要。

（7）施工现场的各种临时设施已按设计要求搭设，基本能够满足使用要求。

（8）工程施工所用的材料、构配件、制品和机械设备已订购落实，并已陆续进场，能够保证开工和连续施工的要求；先期使用的施工机具已按施工组织设计的要求安装完毕，并进行了试运转，能保证正常使用。

（9）施工队伍已经落实，已经过或正在进行必要的进场教育和各项技术交底工作，已调进现场或随时准备进场。

（10）现场安全施工守则已经制定，安全宣传牌已经设置，安全消防设施已经具备。

二、施工组织设计

（一）施工组织设计的概念

施工组织设计是指根据拟建工程的特点，对人力、材料、机械、资金、施工方法等方面的因素做全面、科学、合理的安排，并形成指导拟建工程施工全过程中各项活动的综合性技术经济文件。

施工组织设计的基本任务是根据国家对基本建设项目的工期要求，选择经济合理的施工方案。

（二）施工组织设计的主要作用

（1）施工组织设计是施工准备工作的重要组成部分，也是做好施工准备工作的依据和重要保证。

（2）施工组织设计是沟通工程设计和施工之间的桥梁。

（3）施工组织设计具有重要的规划、组织和指导作用。

（4）施工组织设计是对拟建工程施工全过程实行科学管理的重要手段。

（5）施工组织设计是编制施工预算的主要依据。

（6）施工组织设计是检查工程施工进度、质量、成本三大目标的依据。

（7）施工组织设计是建设单位与施工单位之间履行合同的主要依据。

（三）施工组织设计的分类

1. 按编制对象范围的不同分类

（1）施工组织总设计。施工组织总设计是以整个建设项目或一个建筑群为编制对象，是对整个建设工程的施工全过程进行全面规划和统筹安排，用以指导全局性的施工活动的技术、经济性文件。

（2）单位工程施工组织设计。单位工程施工组织设计是以一个单位工程（一个建筑物或构筑物）为对象，用以指导其施工全过程的各项施工活动的技术、经济性文件。

（3）分部分项工程施工组织设计。分部分项工程施工组织设计是以分部分项工程为编制对象，用以具体指导其施工全过程的各项施工活动的技术、经济性文件。

（4）专项施工组织设计。专项施工组织设计是以某一专项技术（如重要的安全技术、质量技术或高新技术）为编制对象，用以指导其施工的综合性文件。

2. 按编制时间不同分类

施工组织设计按编制时间不同可分为投标前编制的施工组织设计（简称标前设计）和签订工程承包合同后编制的施工组织设计（简称标后设计）两种。

3. 按编制内容的繁简程度不同分类

施工组织设计按编制内容的繁简程度不同可分为完整的施工组织设计和简明施工组织设计两种。

（1）完整的施工组织设计。对于重点工程，规模大、结构复杂、技术要求高，或采用新结构、新技术、新材料和新工艺的拟建工程项目，必须编制内容详尽的完整的施工组织设计。

（2）简明施工组织设计。对于工程规模小、结构简单、技术要求和工艺方法不复杂的拟建工程项目，可以编制仅包括施工方案、施工进度计划表和施工平面布置图（简称一案、一表、一图）等内容的简明施工组织设计。

（四）施工组织设计的内容

一个完整的施工组织设计一般应包括以下基本内容。

（1）工程概况及施工特点分析；

（2）施工方案的选择；

（3）施工准备工作计划；

（4）施工进度计划；

（5）各项资源需用量计划；

（6）施工平面图设计；

（7）主要技术组织保证措施；

（8）主要技术经济指标；

（9）结束语。

（五）施工组织设计的编制与执行

1. 施工组织设计的编制

（1）当拟建工程中标后，施工单位必须编制建设工程施工组织设计。建设工程实行总包和分包的，由总包单位负责编制施工组织设计或者分阶段施工组织设计。分包单位在总包单位的总体部署下，负责编制分包工程的施工组织设计。施工组织设计应根据合同工期及有关的规定进行编制，并且要广泛征求各协作施工单位的意见。

（2）对结构复杂、施工难度大以及采用新工艺和新技术的工程项目，要进行专业性的研究，必要时组织专门会议，邀请有经验的专业工程技术人员参加，集中群众智慧，为施工组织设计的编制和实施打下坚定的群众基础。

（3）在施工组织设计编制过程中，要充分发挥各职能部门的作用，吸收他们参加编制和审定，充分利用施工企业的技术素质和管理素质，统筹安排、扬长避短，发挥施工企业的优势，合理地进行工序交叉配合的程序设计。

（4）当比较完整的施工组织设计方案提出之后，要组织参加编制的人员及单位进行讨论，逐项逐条地研究，修改后确定，最终形成正式文件，送主管部门审批。

2. 施工组织设计的执行

施工组织设计的编制，只是为实施拟建工程项目的生产过程提供了一个可行的方案。这个方案的经济效果如何，必须通过实践去验证。施工组织设计贯彻的实质，就是把一个静态平衡方案放到不断变化的施工过程中，考核其效果和检查其优劣的过程，以达到预定的目标。所以施工组织设计贯彻的情况如何，其意义是深远的，为了保证施工组织设计的顺利实施，应做好以下几个方面的工作。

（1）传达施工组织设计的内容和要求，做好施工组织设计的交底工作；

（2）制定有关贯彻施工组织设计的规章制度；

（3）推行项目经理责任制和项目成本核算制；

（4）统筹安排，综合平衡；

（5）切实做好施工准备工作。

3. 组织项目施工的基本原则

根据我国建筑业几十年来积累的经验和教训，在编制施工组织设计和组织项目施工时，应遵守以下原则。

（1）认真贯彻执行党和国家对工程建设的各项方针和政策，严格执行现行的建设程序。

（2）遵循建筑施工工艺及其技术规律，坚持合理的施工程序和施工顺序，在保证工程质量的前提下，加快建设速度，缩短工程工期。

（3）采用流水施工方法和网络计划等先进技术，组织有节奏、连续和均衡的施工，科学地安排施工进度计划，保证人力、物力充分发挥作用。

（4）统筹安排，保证重点，合理地安排冬期、雨期施工项目，提高施工的连续性和均衡性。

（5）采用国内外先进施工技术，科学地确定施工方案，贯彻执行施工技术规范、操作规程，提高工程质量，确保安全施工，缩短施工工期，降低工程成本。

（6）精心规划施工平面图，节约用地；尽量减少临时设施，合理储存物资，充分利用当地资源，减少物资运输量。

（7）做好现场文明施工和环境保护工作。

第二节　流水施工原理

流水施工是一种科学、有效的工程项目施工组织方法，它可以充分地利用工作时间和操作空间，减少非生产性劳动消耗，提高劳动生产率，保证工程施工连续、均衡、有节奏地进行，从而对提高工程质量、降低工程造价、缩短工期有着显著的作用。

一、流水作业的基本概念

流水作业是一种先进的生产组织方式，即把整个的加工过程划分成若干不同的工序，按照一定的顺序像流水似的组织生产。它是在劳动分工、合作和劳动工具专业化的基础上产生出来的，最早应用在工业生产上，后来应用于所有生产领域，在建筑安装施工的过程中也采用流水作业，即流水施工。生产实践已经证明，流水作业的基本特点在于生产过程具有连续性、均衡性和节奏性，可以充分利用时间和空间，提高生产率，是组织产品生产的最理想、最有效的科学组织方式。

土木工程的“流水施工”来源于工业生产中的“流水作业”，但又有所不同。在工业生产中，生产工人和设备的位置是固定的，产品按生产加工工艺在生产线上进行移动加工，从而形成加工者与被加工对象之间的相对流动；而在建筑施工过程中，建筑产品有固定性的特点，因此，在土木工程中的流水施工是建筑产品的位置固定不动，由生产工人带着材料和机具等在建筑物的空间上，从前一段到后一段进行移动生产形成的。

二、组织施工的基本方式

（一）组织施工的基本方式

考虑工程项目的施工特点、工艺流程、资源利用、平面或空间布置等要求，组织施工的方式有依次施工、平行施工和流水施工三种，为了能更清楚地说明它们各自的特点、概念及流水施工的优越性，下面对它们进行分析和对比。

1. 依次施工（顺序施工）

依次施工是按照一定的施工顺序，前一个施工过程完成后，后一个施工过程开始施工；或先按一定的施工顺序完成前一个施工段上的全部施工过程后再进行下一个施工段的施工，直到完成所有的施工段上的作业。

（1）优点。

①单位时间内投入的劳动力、材料、机具资源量较少且较均衡，有利于资源供应的组织工作。

②施工现场的组织、管理较简单。

（2）缺点。

①不能充分利用工作面去争取时间，工期长。

②各专业班组不能连续工作，产生窝工现象（宜采用混合队组）。

③不利于实现专业化施工，不利于改进工人的操作方法和施工机具，不利于提高劳动生产率和工程质量。

因此，依次施工一般适用于场地小、资源供应不足、工作面有限、工期不紧、规模较小的工程，例如住宅小区非功能性的零星工程。依次施工适合组织大包队施工。

2. 平行施工（各队同时进行）

平行施工即组织几个相同的工作队（或班组），在各施工段上同时开工、齐头并进，并且同时完工的一种施工组织方式。

（1）优点。充分利用了工作面，工期短。

（2）缺点。

①单位时间内投入施工的资源量成倍增长，资源供应集中，现场临时设施也相应增加。

②不利于实现专业化施工队伍连续作业，不利于提高劳动生产率和工程质量。

③施工现场组织、管理较复杂。

所以，平行施工的组织方式只有在拟建工程任务十分紧迫，工作面允许以及资源保证供应的条件下才适用，例如抢险救灾工程。

3. 流水施工

流水施工是将拟建工程项目的全部建造过程在工艺上分解为若干个施工过程（也就是划分为若干个工作性质相同的分部、分项工程或工序），同时在平面上划分成若干个劳动量大致相等的施工段，在竖向上划分成若干个施工层。然后按照施工过程相应地组织若干个专业工作队（或班组），同一施工队按照一定的流向在各施工段上流动，不同的施工队按工艺顺序依次投入施工，并使相邻两个专业工作队，在开工时间上最大限度地、合理地搭接起来，保证工程项目施工全过程在时间和空间上，有节奏、连续、均衡地进行下去，直到完成全部工程任务。流水施工具有以下特点。

（1）科学地利用了工作面，工期较合理，能连续、均衡地生产；

（2）实现了专业化施工，可使工人的操作技术熟练，更好地保证工作质量，提高劳动生产率；

（3）参与流水的专业工作队能够连续作业，相邻的专业工作队之间实现了最大限度的合理搭接；

（4）单位时间内投入施工的资源量较为均衡，有利于资源供应的组织工作；

（5）为文明施工和现场的科学管理创造了有利条件。

显然，采用流水施工的组织方式，充分利用时间和空间，明显优于依次施工和平行施工。

（二）流水施工的技术经济效果

通过比较三种施工组织方式可以看出，流水施工方式是一种先进、科学的施工组织方式。

由于在工艺过程划分、时间安排和空间布置上进行统筹安排，使劳动力得以合理使用，使施工生产连续而均衡地进行，所以体现出优越的技术经济效果，具体表现在以下几个方面。

（1）缩短工期。由于流水施工的节奏性、连续性，消除了各专业班组投入施工后的等待时间，可以加快各专业队的施工进度，减少时间间隔；充分利用时间与空间，在一定条件下相邻两施工过程还可以互相搭接，做到尽可能早地开始工作，从而可以大幅缩短工期（一般工期可缩短 1/3~1/2）。

（2）由于流水施工方式建立了合理的劳动组织，工作班组实现了专业化生产，人员工种比较固定，为工人提高技术水平、改进操作方法以及革新生产工具创造了有利条件，因而促进了劳动生产率的不断提高和工人劳动条件的改善。

同时，由于工人连续作业，没有窝工现象，机械闲置时间少，增加了有效劳动时间，从而使施工机械和劳动力的生产效率得以充分发挥（一般可提高劳动生产率 30% 以上）。

（3）施工质量更容易保证。正是由于实行了专业化生产，工人的技术水平及熟练程度也不断提高，而且各专业队之间紧密地搭接作业，紧后工作队监督紧前工作队，从而使工程质量更容易得到保证和提高，便于推行全面质量管理工作，为创造优良工程提供了条件。

（4）资源供应均衡。在资源使用上，克服了高峰现象，供应比较均衡，有利于资源的采购、组织、存储、供应等工作。

（5）降低工程成本。由于流水施工资源消耗均衡，便于组织资源供应，使得资源存储合理，利用充分，可以减少各种不必要的损失，节约了材料费；生产效率的提高，可以减少用工量和施工临时设施的建造量，从而节约人工费和机械使用费，减少了临时设施费；工期较短，可以减少企业管理费，最终达到降低工程成本，提高企业经济效益的目的（一般可降低成本 6%～12%）。值得强调的是，取得以上经济效益仅仅是改变了施工组织的形式。

三、组织流水施工需考虑的因素

（一）划分施工过程

把拟建工程的整个建造过程分解成若干个施工过程或工序，每个施工过程或工序分别由固定的专业班组来完成。如：木工负责支模板，钢筋工负责绑扎钢筋，混凝土工负责混凝土的浇筑。

（二）划分施工段

根据组织流水施工的要求，将拟建工程在平面上尽可能地划分为劳动量大致相等的若干个施工作业面，也称为施工段。

（三）每个施工过程组织独立的施工班组

每个施工过程均应组织独立的施工班组，负责本施工过程的施工，每个班组按施工顺序依次、连续、均衡地从一个施工段转移到另一个施工段反复完成相同的工作。

（四）确定每一施工过程在各施工段上的延续时间（即流水节拍）

根据各施工段劳动量的大小及作业班组人数或机械数量等因素，计算各专业班组在各施工段上作业的延续时间。

（五）主要施工过程连续、均衡地施工

主要施工过程是指工程量大、施工持续时间较长的施工过程。对于主要施工过程，必须安排在各施工段之间连续施工，并尽可能均衡施工。而对于其他次要施工过程，可考虑与相邻施工过程合并或安排合理间断施工，以便缩短施工工期。

（六）相邻的施工过程按施工工艺要求，尽可能组织平行搭接施工

组织各施工过程之间的合理关系，在工作面及相关条件允许的情况下，除必要的技术与组织间歇时间外，相邻的施工过程应最大限度地安排在不同的施工段上平行搭接施工，以达到缩短总工期的目的。

四、流水施工分类

流水施工的分类是组织流水施工的基础，其分类方法可按不同的流水特征来划分。

（一）按流水施工的组织范围划分

根据组织流水施工的工程对象范围的大小，流水施工可划分为分项工程流水施工、分部工程流水施工、单位工程流水施工和群体工程流水施工。其中最重要的是分部工程流水施工，又叫专业流水，它是组织流水施工的基本方法。

1. 分项工程流水施工

也称细部流水或施工过程流水，它是在一个专业工种内部组织起来的流水施工，即一个工作队（组）依次在各施工段进行连续作业的施工方式。如安装模板的工作队依次在各段上连续完成模板工作。它是组织流水施工的基本单元。

2. 分部工程流水施工

又叫专业流水，它是在一个分部工程内部各分项工程之间组织起来的流水施工，即由若干个在工艺上密切联系的工作队（组）依次连续不断地在各施工段上重复完成各自的工作，直到所有工作队都经过了各施工段，完成所有过程为止。例如钢筋混凝土工程由支模板、绑扎钢筋、浇筑混凝土三个分项工程组成，木工、钢筋工、混凝土工三个专业队组依次在各施工段上完成各自的工作。

3. 单位工程流水施工

它是在一个单位工程内部各分部工程之间组织起来的流水施工，即所有专业班组

依次在一个单位工程的各施工段上连续施工。直至完成该单位工程为止。一般的，它由若干个分部工程流水组成。如多层全现浇钢筋混凝土框架结构房屋的土建部分是由基础分部工程流水、主体分部工程流水、围护分部工程流水和装饰分部工程流水等组成。

4. 群体工程流水施工

群体工程流水又叫综合流水，俗称大流水施工，它是在单位工程之间组织起来的流水施工，是指为完成群体工程而组织起来的全部单位工程流水的总和，即所有工作队依次在工地上建筑群的各施工段上连续施工的总和。如一个住宅小区建设、一个工业厂区建设等所组织的流水施工中，由多个单位工程的流水施工组合而成的流水施工方式。

以上四种流水方式中，其中分项工程流水和分部工程流水是流水施工的基本方式，而单位工程流水和群体工程流水实际上是分部工程流水的推广应用，因此我们应认真研究专业流水。

（二）按流水节拍的特征划分

根据流水节拍的特征，流水施工可划分为有节奏流水施工和无节奏流水施工。其中，有节奏流水施工又可分为等节奏流水施工（全等节拍流水施工）和异节奏流水施工（异节拍流水施工）。而异节奏流水施工又可分为等步距异节奏流水施工和异步距异节奏流水施工两种。

第三节　网络计划技术

一、网络计划技术的基本原理

（1）把一项工程全部建造过程分解成若干项工作，并按各项工作开展顺序和相互制约关系，绘制成网络图。

（2）通过网络图各项时间参数计算，找出关键工作、关键线路和计算工期。

（3）通过网络计划优化，不断改进网络计划初始方案，找出最优方案。

（4）在网络计划执行过程中，对其进行有效的控制和监督，以最少的资源消耗，获得最大的经济效益。

二、网络计划控制

网络计划的控制是根据工程项目的控制目标，编制经济、合理的初始网络计划，并检查项目的执行情况，若发现实际执行情况与计划不一致，应及时分析原因，并采取必要的措施对初始网络计划进行调整或修正的过程。

网络计划的控制主要包括网络计划的检查和网络计划的调整两个方面。

（一）网络计划的检查

1. 一般规定

对网络计划进行检查与调整应依据进度计划的实施记录。进度计划的实施记录包括实际进度图、表，情况说明，统计数据。网络计划的检查应按统计周期的规定进行定期检查，还应根据需要进行不定期检查。定期检查周期的长短应视计划工期的长短和管理的需要确定，一般可按天、周、旬、月、季、年等为周期。不定期检查指根据需要由检查人（或组织）确定的专项检查。在计划执行过程中，若突然出现意外情况时，也可进行“应急检查”，以便采取应急调整措施。上级认为有必要时，还可进行“特别检查”。

2. 网络计划的检查方法

网络计划的检查通常采用比较法，即将实际进度与计划进度进行比较。常用的比较方法包括横道图、S 曲线、香蕉曲线、前锋线和列表比较法，这里主要介绍前锋线比较法。所谓前锋线，是指在原时标网络计划上，从检查时刻的时标点出发，用点划线依次连接各项工作实际进展位置点，最后到计划检查时的坐标点为止而成的折线。前锋线比较法是通过绘制某检查时刻工程项目实际进度前锋线，用前锋线与工作箭线交点位置来判定工程项目实际进度与计划进度的偏差，进而判定该偏差对后续工作及总工期影响程度的一种方法。它主要适用于时标网络计划及横道图进度计划。前锋线可用彩色笔标画，相邻的前锋线可采用不同的颜色。

采用前锋线比较法进行实际进度与计划进度的比较，其步骤如下。

（1）绘制时标网络计划图。工程项目实际进度前锋线是在时标网络计划图上标示，为清楚起见，可在时标网络计划图的上方和下方各设一时间坐标。

（2）绘制实际进度前锋线。从时标网络计划图上方时间坐标的检查日期开始绘制，依次连接相邻工作的实际进展位置点，最后与时标网络计划图下方坐标的检查日期相连接。

一般假设工程项目中各项工作均为匀速进展，根据实际进度检查时刻该工作已完成任务量占其计划完成总任务量的比例，在工作箭线上从左至右按相同的比例标定其实际进展位置点。

（3）进行实际进度与计划进度的比较。对某项工作来说，其实际进度与计划进度之间的关系可能存在以下三种情况。

①工作实际进展位置点落在检查日期的左侧，表明该工作实际进度拖后，拖后的时间为两者之差；

②工作实际进展位置点与检查日期重合，表明该工作实际进度与计划进度一致；

③工作实际进展位置点落在检查日期的右侧，表明该工作实际进度超前，超前的时间为两者之差。

值得注意的是，以上比较是针对匀速进展的工作。对于非匀速进展的工作，比较方法较复杂，不再赘述。

（二）网络计划的调整

在工程项目施工过程中，实际进度与计划进度之间往往会出现偏差。有了偏差，就必须认真分析偏差产生的原因及其对后续工作和总工期的影响，必要时要采取合理、有效的进度计划调整措施，以确保进度总目标的实现。

1. 分析进度偏差产生的原因

通过比较，发现进度偏差时，必须深入现场进行调查，分析产生进度偏差的原因。影响工程项目进度的因素如下。

（1）工程决策阶段可研报告不可靠；

（2）工程建设相关单位之间缺少协调和信息沟通；

（3）物资、设备供应出现问题；

（4）资金不能及时到位；

（5）设计变更；

（6）施工阶段现场条件、周围环境的变化；

（7）对各种风险因素估计不足；

（8）施工单位自身管理水平低等。

2. 分析进度偏差对后续工作及总工期的影响

通过实际进度与计划进度的比较确定进度偏差后，还可根据工作的自由时差和总时差预测该进度偏差对后续工作及项目总工期的影响，进一步分析和预测工程项目整体进度状况。分析步骤如下。

（1）分析出现进度偏差的工作是否为关键工作。如果出现进度偏差的工作为关键工作，则无论其偏差有多大，都将对后续工作和总工期产生影响，必须采取相应的调整措施；如果出现偏差的工作是非关键工作，则需要根据进度偏差值与总时差和自由时差的关系做进一步分析。

（2）分析进度偏差是否超过总时差。如果工作的进度偏差大于该工作的总时差，则此进度偏差必将影响其后续工作和总工期，必须采取相应的调整措施；如果工作的进度偏差未超过该工作的总时差，则此进度偏差不影响总工期。至于对后续工作的影响程度，还需要根据偏差值与其自由时差的关系做进一步分析。

（3）分析进度偏差是否超过自由时差。如果工作的进度偏差大于该工作的自由时差，则此进度偏差将对其后续工作产生影响，此时应根据后续工作的限制条件确定调整方法；如果工作的进度偏差未超过该工作的自由时差，则此进度偏差不影响后续工作，原进度计划可以不做调整。

通过进度偏差的分析，进度控制人员可以根据进度偏差的影响程度，制定相应的纠偏措施进行调整，以获得符合实际进度情况和计划目标的新进度计划。

3. 确定后续工作和总工期的限制条件

当出现的进度偏差影响后续工作或总工期而需要采取进度调整措施时，应当首先确定可调整进度的范围，主要指关键节点、后续工作的限制条件以及总工期允许变化的范围。这些限制条件往往与合同条件及相关政策有关，例如合同规定的工期条件，材料供应方式，工程结算方式及相关政策、法律、规范改变等，需要认真分析后确定。

4. 调整施工进度计划

施工进度计划的调整方法如下。

（1）缩短某些工作的持续时间；

（2）改变某些工作间的逻辑关系；

（3）资源供应的调整；

（4）将部分任务转移等。

5. 施工进度控制的措施

施工进度控制采取的主要措施有组织措施、技术措施、合同措施、经济措施和信息管理措施等。

（1）组织措施。

①增加工作面，组织更多的施工队伍。

②增加每天的施工时间（如采用三班制等）。

③增加劳动力和施工机械的数量。

（2）技术措施。

①改进施工工艺和施工技术，缩短工艺技术间歇时间。

②采用更先进的施工方法，以减少施工过程的数量（如将现浇框架方案改为预制装配方案）。

③采用更先进的施工机械。

（3）合同措施。

是指与各分包单位所签订施工合同的分包合同工期必须与施工计划进度中相应的工期目标协调一致。

（4）经济措施。

①实行包干奖励。

②提高奖金数额。

③对所采取的技术措施给予相应的经济补偿。

（5）信息管理措施。

是指不断地收集工程实际进度的有关资料和信息，进行整理统计，与计划进度比较，定期向建设单位提供比较报告。

（6）其他配套措施。

①改善外部配合条件。

②改善劳动条件。

③实施强有力的调度等。

一般来说，不管采取哪种措施，都会增加费用。因此，在调整施工进度计划时，应利用费用优化的原理选择费用增加量最小的关键工作作为压缩对象。

6. 工程项目进度控制的总结

项目经理部应在进度计划完成后，及时进行工程进度控制总结，为进度控制提供反馈信息。

（1）合同工期目标和计划工期目标完成情况；

（2）工程项目进度控制中存在的问题及原因分析；

（3）科学的工程进度计划方法的应用情况；

（4）工程项目进度控制经验；

（5）工程项目进度控制的改进意见。

第四节　单位工程施工组织设计

一、单位工程施工组织设计的作用与任务

（一）单位工程施工组织设计的作用

单位工程施工组织设计有以下作用。

（1）是施工单位编制季度、月度、旬施工作业计划的依据；

（2）是施工单位编制分部（分项）工程施工方案及劳动力、材料、机械设备等供应计划的主要依据；

（3）对落实施工准备，保证施工有组织、有计划、有秩序地进行，实现优质、低耗、快速的施工目标均起着重要作用；

（4）单位工程施工组织设计编制得是否合理，对参加投标而能否中标和取得良好的经济效益起着很大的作用。

（二）单位工程施工组织设计的任务

单位工程施工组织设计的任务如下。

（1）贯彻施工组织总设计对该工程的规划精神；

（2）选择施工方法、施工机械，确定施工顺序；

（3）编制施工进度计划，确定各分部、分项工程间的时间关系，保证工期目标的实现；

（4）确定各种物资、劳动力、机械的需要量计划，为施工准备、调度安排及布置

现场提供依据；

（5）合理布置施工现场，充分利用空间，减少运输和暂设费用，保证施工顺利、安全地进行；

（6）制定实现质量、进度、成本和安全目标的具体措施，为施工管理提出技术和组织方面的指导性意见。

二、单位工程施工组织设计的编制依据

单位工程施工组织设计的编制应根据工程规模和复杂程度，主要依据以下几方面内容。

（1）工程承包合同。包括工程承包范围和内容，特别是施工合同中有关工期、施工技术条件、工程质量标准要求、对施工方案的选择和进度计划的安排有重要影响的条款。

（2）上级机关对工程的有关指示和要求，建设单位对工程的意图和要求等。包括：上级主管单位对本工程的范围和内容的批文及招投标文件，建设单位提出的开工、竣工日期，质量要求，某些特殊施工技术的要求，采用何种先进技术，施工合同中规定的工程造价，工程价款的支付、结算方式及交工验收办法，材料、设备及技术资料供应计划等。

（3）建设场地的征购、拆迁等情况，施工许可证等前期工作完成情况。

（4）经过会审的施工图。包括全部施工图纸、会审记录和标准图等有关设计资料。

（5）施工现场的自然条件（场地条件及工程地质、水文地质、气象资料）和建筑环境、技术经济条件，包括工程地质勘察报告、地形图和工程测量控制网等；又如交通运输及原材料、劳动力、施工设备和机具等的市场价格情况。

（6）资源配备情况。如业主提供的临时房屋、水压、供水量、电压、供电量能否满足施工的要求；又如原材料、劳动力、施工设备和机具、预制构件等的市场供应和来源情况。

（7）施工组织总设计（或建设单位）对本工程的工期、质量和成本控制的目标要求。

（8）承包单位年度施工计划对本工程开竣工的时间安排；施工企业年度生产计划对该工程规定的有关指标，设备安装对土建的要求，与其他项目的穿插施工的要求。

(9) 工程预算、报价文件及有关定额。应有详细的分部分项工程量，必要时应有分层、分段或分部位的工程量，工程使用的预算定额及施工定额。

(10) 国家现行有关方针、政策、法律法规、规范、规程及标准等。

(11) 工程施工协作单位的情况。如工程施工协作单位的资质、技术力量、设备进场安装时间等。

(12) 类似工程的施工经验总结。

三、单位工程施工组织设计的内容

单位工程施工组织设计根据工程性质、规模、技术复杂难易程度不同，其编制内容的深度和广度也不尽相同。一般应包括下列内容。

(1) 工程概况及施工特点分析；

(2) 施工方案的拟订；

(3) 单位工程施工进度计划表；

(4) 单位工程施工准备工作及各项资源需要量计划；

(5) 单位工程施工平面图；

(6) 质量、安全、节约、环境及季节施工的技术组织保证措施；

(7) 主要技术经济指标分析等。

四、单位施工组织管理措施

施工组织管理措施是指在技术和组织方面对工程质量、安全、成本和文明施工所采用的方法和措施。在制定技术组织措施时，要针对单位工程施工的主要环节，结合工程具体情况和施工条件，依据有关的规章、规程及以往的施工经验进行。

(一) 确保工程质量的技术组织措施

1. 组织措施

(1) 建立质量保证体系，建立、健全岗位责任制。明确质量目标及各级技术人员的职责范围，做到职责明确、各负其责。

(2) 加强人员培训工作，加强技术管理，认真贯彻国家规定的施工质量验收规范及公司的各项质量管理制度。

（3）推行全面质量管理活动，开展质量红旗竞赛，制定奖优罚劣措施。

（4）认真搞好现场内业资料的管理工作，做到工程技术资料真实、完整、及时。

（5）定期进行质量检查活动，召开质量分析会议，对影响质量的风险因素有识别管理办法和防范对策。

2. 技术措施

（1）确保工程定位放线、轴线尺寸、标高测量等准确无误的措施。

（2）确保地基承载力及各种基础、地下结构、地下防水、土方回填施工质量的措施。

（3）保证主体结构中关键部位质量的措施，以及复杂特殊工程的施工技术措施；重点解决大体积及高强混凝土施工、钢筋连接等质量难题。

（4）对新工艺、新材料、新技术和新结构的施工操作提出质量要求，并制定有针对性的技术措施。

（5）屋面防水施工、各种装饰工程施工中，确保施工质量的技术措施；装饰工程推行样板间，经业主认可后再进行大面积施工。

（6）季节性施工的质量保证措施。

（7）工程施工中经常发生的质量通病的防治措施。

（8）加强原材料进场的质量检查和施工过程中的性能检测，不合格的材料不准使用。

（二）确保工期的技术组织措施

1. 组织措施

（1）建立进度控制目标体系，组织精干的、管理方法科学的进度控制班子，落实各层次进度控制人员和工作责任。

（2）建立保证工期的各项管理制度，如检查时间、方法、协调会议时间、参加人员等。

（3）定期召开工程例会，分析影响进度的因素，解决各种问题；对影响工期的风险因素有识别管理手法和防范对策。

（4）组织劳动竞赛，有节奏地掀起几次生产高潮，调动职工生产积极性，保证进度目标实现。

(5) 合理安排季节性施工项目，组织流水作业，确保工期按时完成。

2. 技术措施

(1) 采用新技术、新方法、新工艺，提高生产效率，加快施工进度。

(2) 配备先进的机械设备，降低工人的劳动强度，既保证质量，又加快工程进度。

(3) 规范操作程序，使施工操作能紧张而有序地进行，避免返工和浪费，以加快施工进度。

(4) 采取网络计划技术及科学管理方法，借助电子计算机对进度实施动态控制。一旦发生进度延误，能适时调整工作间的逻辑关系，保证进度目标实现。

(三) 确保安全生产的技术组织措施

1. 组织措施

(1) 明确安全目标，建立以项目经理为核心的安全保证体系；建立各级安全生产责任制，明确各级施工人员的安全职责，层层落实，责任到人。

(2) 认真贯彻执行国家、行业、地区的安全法规、标准、规范和各专业安全技术操作规程，并制定本工程的安全管理制度。

(3) 工人进场上岗前，必须进行上岗安全教育和安全操作培训；加强安全施工宣传工作，使全体施工人员认识到"安全第一"的重要性，提高安全意识和自我保护能力，使每个职工自觉遵守安全操作规程，严格遵守各项安全生产管理制度。

(4) 加强安全交底工作；施工班组要坚持每天开好班前会，针对施工中的安全问题及时提示。

(5) 定期进行安全检查活动和召开安全生产分析会议，对不安全因素及时进行整改；对影响安全的风险因素（如由于操作者失误、操作对象的缺陷以及环境因素等导致的人身伤亡、财产损失和第三者责任等损失）有识别管理办法和防范对策。

(6) 需要持证上岗的工种必须持证上岗。

2. 技术措施

(1) 根据基坑深度和工程水文地质资料，保证土石方边坡稳定的措施。

(2) 脚手架、吊篮、安全网、各类洞口防止人员坠落的措施。

(3) 基坑降水、边坡支护、临时用电、模板搭拆、脚手架搭拆要编写专项施工方案。

（4）各种施工机械设备安全操作要求，外用电梯、井架及塔吊等垂直运输机具安拆要求、安全装置和防倾覆措施。

（5）针对新工艺、新技术、新材料、新结构，制定专门的施工安全技术措施。

第五节　施工组织总设计

一、施工部署

施工部署是在充分了解工程情况、施工条件和建设要求的基础上，对整个建设工程进行全面安排和解决工程施工中的重大问题的方案，是编制施工总进度计划的前提。施工部署重点要解决下述问题。

（1）确定主要单位工程的施工开展顺序和开、竣工日期。它一方面要满足上级规定的投产或投入使用的要求，另外也要遵循一般的施工程序，如先地下后地上、先深后浅等。

（2）建立工程的指挥系统，划分各施工单位的工程任务和施工区段，明确主攻项目和辅助项目的相互关系，明确土建施工、结构安装、设备安装等各项工作的相互配合等。

（3）明确施工准备工作的规划。如土地征用、居民迁移、障碍物清除、“三通一平”的分期施工任务及期限、测量控制网的建立、新材料和新技术的试制和试验、重要建筑机械和机具的申请和订货生产等。

（一）工程开展顺序

根据建设项目总目标的要求，确定工程分期分批施工的合理开展程序。一些大型工业企业项目都是由许多工厂或车间组成的，在确定施工开展程序时，应主要考虑以下几点。

（1）在保证工期的前提下，实行分期分批建设，既可使各具体项目迅速建成，尽早投入使用，又可在全局上实现施工的连续性和均衡性，减少暂设工程数量，降低工程成本。至于分几期施工，各期工程包含哪些项目，应当根据业主要求、生产工艺的特点、工程规模大小和施工难易程度、资金、技术资源情况，由施工单位与业主共同研究确定。按照各工程项目的重要程度，应优先安排的工程项目如下。

①按生产工艺要求，须先期投入生产或起主导作用的工程项目。

②工程量大、施工难度大、工期长的项目。

③运输系统、动力系统。如厂区内外道路、铁路和变电站等。

④生产上需先期使用的机修、车床、办公楼及部分家属宿舍等。

⑤供施工使用的工程项目。如采砂（石）场、木材加工厂、各种构件加工厂、混凝土搅拌站等施工辅助企业及其他为施工服务的临时设施。

对于建设项目中工程量小、施工难度不大、周期较短而又不急于使用的辅助项目，可以考虑与主体工程相配合，作为平衡项目穿插在主体工程的施工中进行。

对小型企业或大型企业的某一系统，由于工期较短或生产工艺要求，可不必分期分批建设；亦可先建生产厂房，然后边生产边施工。

（2）所有工程项目均应按照先地下后地上、先深后浅、先干线后支线的原则进行安排。如地下管线和修筑道路的程序，应该先铺设管线，后在管线上修筑道路。

（3）要考虑季节对施工的影响。例如大规模土方工程和深基础施工最好避开雨季；寒冷地区入冬以后，最好封闭房屋并转入室内作业和设备安装。

（二）主要项目的施工方案

施工组织总设计中要拟定一些主要工程项目的施工方案，这些项目通常是建设项目中工程量大、施工难度大、工期长，对整个建设项目的完成起关键性作用的建筑物（或构筑物），以及全场范围内工程量大、影响全局的特殊分项工程。拟定主要工程项目的施工方案，目的是进行技术和资源的准备工作，同时也为了施工进程的顺利开展和现场的合理布置。其内容包括确定施工方法、施工工艺流程、施工机械设备等。对施工方法的确定要兼顾技术工艺的先进性和经济上的合理性；对施工机械的选择，应使主导机械的性能既能满足工程的需要，又能发挥其效能，在各个工程上能够实现综合流水作业，减少其拆、运的次数；对于辅助配套机械，其性能应与主导施工机械相适应，以充分发挥主导施工机械的工作效率。

主要工种工程是指工程量大，占用工期长，对工程质量、进度起关键作用的工程。在确定主要工种工程的施工方法时，应结合建设项目的特点和当地施工习惯，尽可能采用先进合理、切实可行的专业化、机械化施工方法。

施工组织总设计中所指的拟定主要项目施工方案，与单位工程施工组织设计中要求的内容和深度是不同的，它只需原则性地提出施工方案，如：采用何种施工方法；哪些构件采用现浇，哪些构件采用预制；是现场就地预制，还是在构件预制厂加工生产；构件吊装时采用什么机械；准备采用什么新工艺、新技术等，即对涉及全局性的一些问题拟定出施工方案。

（三）施工任务划分与组织安排

由于建设项目是一个庞大的体系，由不同功能的部分所组成，每部分又在构造、性质上存在差异；同时，项目不同，组成内容又各不相同。因此，在实施过程中不可能简单化、统一化，必须有针对性地分别对待每一项具体内容，由部分至整体地实现生产，这就产生了如何对建设项目进行具体划分的问题。

1. 工程项目结构分析

工程项目结构分析，即按照系统分析方法把由总目标和总任务所定义的项目分解开来，得到不同层次的项目单元（工程活动）。不同项目（规模、性质、工程范围不同）的分解结果的差异很大，没有统一的分解方法，但有一些基本原则。

（1）按交付工程系统分解。

①按照工程的系统功能分解。按照工程部分运行中所提供的产品或服务，把工程分解为独立的单项工程（如分厂、车间）；按照平面位置分解为楼或区段。

②按照专业要素分解为建筑、结构、水电、设备安装等。结构又可分为基础、主体框架、墙体、楼地面等；水电又可分为水、电、卫生设施；设备又可分为电梯、控制系统、通信系统、生产设备等。

（2）按施工项目过程分解。

一般可将建设工程项目分解为实施准备（现场准备、技术准备、采购订货、制造、资源供应等）、施工、试生产、交工验收等。

在上述分解的基础上进行专业工程活动的进一步分解，如基础、主体、屋面、设备安装、装饰工程等。

2. 工程项目管理组织安排

在明确施工项目目标的条件下，合理安排工程项目管理组织，其目的是安排划分各参与施工单位的工作任务，明确总包与分包的关系，建立施工现场统一的组织领导机构及职能部门，明确各单位之间分工与协作的关系，按任务或职位制定好一套合适的职位结构，以使项目人员能为实现项目目标而有效地工作。作为组织，要建立起适当的职位体系，就应订出切实的目标，明确权责范围，对各职位的主要任务、职责应有清楚的规定，而且还应明确与其他部门、人员的工作关系，以便于相互协调。

在明确项目施工组织及各参与施工单位的工作任务后，划分施工阶段，确定各单位分期分批的主导项目和穿插项目。

（四）施工准备工作规划

施工准备工作的顺利完成是建筑施工任务的保证和前提，应根据施工开展程序和主要工程项目施工方案，从思想上、组织上、技术上、物资上、现场上全面规划施工项目全场性的施工准备工作。主要内容如下。

（1）安排好场内外运输，施工用主干道，水、电、气来源及其引入方案；

（2）安排场地平整方案和全场性排水、防洪；

（3）安排好生产和生活基地建设，包括商品混凝土搅拌站，钢筋、木材加工厂，金属结构制作加工厂、机修厂等；

（4）安排建筑材料、成品、半成品的货源和运输、储存方式；

（5）安排现场区域内的测量工作，设置永久性测量标志，为定位放线做好准备；

（6）编制新技术、新材料、新工艺、新结构的试制试验计划和职工技术培训计划；

（7）冬、雨期施工所需的特殊准备工作。

二、施工总进度计划

施工总进度计划是以建设项目或群体工程为对象，对全工地的所有工程施工活动提出的时间安排表。即根据施工部署的要求，合理确定工程项目施工的先后顺序、开工和竣工日期、施工期限和它们之间的搭接关系。其作用在于确定各个施工对象及其主要工种工程、准备工作和全工地性工程的施工期限、开工和竣工的日期，确定人力资源、材料、成品、半成品、施工机械的需要量和调配方案，为确定现场临时设施、水、电、交通的需要数量和需要时间提供依据。因此，正确地编制施工总进度计划，是保证各项目以及整个建设工程按期交付使用、充分发挥投资效益、降低土木工程成本的重要条件。

（一）施工总进度计划的编制原则

（1）合理安排各单位工程的施工顺序，保证在劳动力、物资以及资源消耗量最少的情况下，按规定工期完成施工任务。

（2）把配套建设作为安排总进度的指导思想，充分发挥投资效益。在工业建设项目的内部，要处理好生产车间和辅助车间之间、原料与成品之间、动力设施和加工部门之间、生产性建筑和非生产性建筑之间的先后顺序，有意识地做好协调配套，形成完整的生产系统；在外部，则有水源、电源、市政、交通、原料供应、三废处理等项目需要统筹安排。民用建筑也要解决好供水、供电、供暖、通信、市政、交通等工程，才能交付使用。

（3）区分各项工程的轻重缓急，分批开工，分批竣工，把工艺调试在前的、占用工期较长的、工程难度较大的项目排在前面，反之排在后面。所有单位工程，都要考虑土建、安装的交叉作业，组织流水施工，以加快进度、缩短工期。

（4）采取合理的施工组织方法，如可确定一些调剂项目，如办公楼、宿舍、附属或辅助车间等穿插其中，以达到既能保证重点，又能实现连续、均衡施工的目的。

（5）节约施工费用，在年度投资额分配上应尽可能将投资额少的工程项目安排在最初年度内施工；投资额大的工程项目安排在最后年度内施工，以减少投资贷款的利息。

（6）充分考虑当地气候条件，尽可能减少冬雨季施工的附加费用。如大规模土方和深基础施工应避开雨季，现浇混凝土结构应避开冬季，高空作业应避开风季等。

（7）总进度计划的安排还应遵守技术法规、标准，符合安全、文明施工的要求，并应尽可能做到各种资源的平衡。

（二）施工总进度计划的编制步骤

1. 列出工程项目一览表，计算工程量

施工总进度计划主要起控制总工期的作用，因此项目划分不宜过细，可按照确定的主要工程项目的开展顺序排列，一些附属项目、辅助工程及临时设施可以合并列出。

在工程项目一览表的基础上，计算各主要项目的实物工程量。计算工程量可按照初步（或扩大初步）设计图纸并根据各种定额手册进行计算。常用的定额资料有万元、10 万元投资工程量的劳动力及材料消耗扩大指标、概算指标或扩大结构定额等；

在缺少上述几种定额手册的情况下，可采用标准设计或类似工程的资料，按比例估算工程量。

除房屋外，还必须计算主要的、全工地性工程的工程量，如场地平整、铁路、道路和地下管线的长度等，这些都可以根据建筑总平面图来计算。

2. 确定各单位工程的施工期限

单位工程的施工期限应根据建筑类型、结构特征、体积大小和现场地形、地质、环境条件以及施工单位的具体条件（施工技术与施工管理水平、机械化程度、劳动力水平和材料供应等）等因素加以确定。此外，也可参考有关的工期定额来确定各单位工程的施工期限。

3. 确定各单位工程的开工、竣工时间和相互搭接关系

根据施工部署及单位工程施工期限，就可以安排各单位工程的开工、竣工时间和相互搭接关系。

4. 编制施工总进度计划

施工总进度计划可以用横道图和网络图表达。由于施工总进度计划只是起控制性作用，而且由于施工条件复杂，因此项目划分不必过细。当用横道图表达施工总进度计划时，项目的排列可按施工总体方案所确定的工程展开程序排列横道图，还应表达出各施工项目开工、竣工时间及其施工持续时间，

近年来，随着网络计划技术的推广，采用网络图表达施工总进度计划，已经在实践中得到广泛应用。采用时间坐标网络图表达施工总进度计划，不仅比横道图更加直观明了，而且还可以表达出各施工项目之间的逻辑关系。同时，由于网络图可以应用电子计算机计算和输出，更便于对进度计划进行调整、优化，统计资源数量，输出图表等。

5. 施工总进度计划的调整和修正

施工总进度计划编制完后，尚需检查各单位工程的施工时间和施工顺序是否合理，总工期是否满足规定的要求，劳动力、材料及设备需要量是否出现较大的不均衡现象等。

利用资源需要量动态曲线分析项目资源需求量是否均衡，若曲线上存在较大的高峰或低谷，则表明在该时间里各种资源的需求量变化较大，需要调整和修正一些单位工程的施工速度或开工、竣工时间，增加或缩短某些分项工程（或施工项目）的施工

持续时间，在施工允许的情况下，还可以改变施工方法和施工组织，以便消除高峰或低谷，使各个时期的资源需求量尽量达到均衡。

三、施工总平面图

施工总平面图是拟建项目在施工现场的总布置图。它是按照施工部署、施工方案和施工总进度计划的要求，将施工现场的交通道路，材料仓库，附属生产或加工企业，临时建筑和临时水、电管线等进行合理的规划和布置，并以图纸的形式表达出来，从而正确处理全工地施工期间所需各项设施与永久建筑以及拟建工程之间的空间关系，对指导现场进行有组织、有计划的文明施工具有重大意义。施工总平面图的比例一般为1：1 000~1：2 000。

（一）施工总平面图的设计依据

施工总平面图的设计，应力求真实、详细地反映施工现场情况，以期能达到便于对施工现场控制和经济上合理的目的，为此，掌握以下资料是十分必要的。

（1）各种设计资料，包括建筑总平面图、地形地貌图、区域规划图及建筑项目范围内有关的一切已有和拟建的各种设施位置。

（2）建设地区的自然条件和技术经济条件。

（3）建设项目的建筑概况、施工部署、施工总进度计划。

（4）各种建筑材料、构件、半成品、施工机械及运输工具需要量一览表，以便规划工地内部的储放场地和运输线路。

（5）各构件加工厂、仓库及其他临时设施的数量和外廓尺寸。

（6）其他施工组织设计参考资料。

（二）施工总平面图的设计原则

（1）在保证顺利施工的前提下，尽量使平面布置紧凑、合理，不占或少占农田，不挤占道路。

（2）合理布置各种仓库、机械、加工厂位置，减少场内运输距离，尽可能避免二次搬运，减少运输费用，保证运输方便、通畅。

（3）施工区域的划分和场地确定，要符合施工流程要求，尽量减少各专业工种和各分包单位之间的干扰。

（4）充分利用各种永久性建筑物、构筑物和原有设施为施工服务，降低临时设施的费用。临时建筑尽量采用可拆移式结构。

（5）各种临时设施的布置应有利于生产和方便生活。

（6）应满足劳动保护、安全防火、防洪及环境保护的要求，符合国家有关的规程和规范。

（7）总平面图规划时应标清楚新开工和二次开工的建筑物，以便于按程序进行施工。

（三）施工总平面图设计的内容

（1）整个建设项目施工用地范围内一切地上和地下已有和拟建的建筑物、构筑物、道路、管线以及其他设施的位置和尺寸。

（2）一切为全工地施工服务的临时设施的布置，包括施工用各种道路、加工厂、制备站及有关机械的位置；各种建筑材料、半成品、构件的仓库和主要堆场；取土及弃土位置；行政管理用房、宿舍、文化生活和福利建筑等；水源、电源、临时给排水管线和供电、动力线路及设施；机械站、车库位置；一切安全防火设施等。

（3）永久性测量及半永久性测量放线桩标桩位置。

（4）特殊图例、方向标志和比例尺等。

由于大型工程的建设工期较长，随着工程的不断进展，施工现场布置也将不断发生变化。因此，需要按照不同阶段分别绘制若干张施工总平面图，以满足不同时期施工需要。

（四）施工总平面图的设计步骤

施工总平面图的设计步骤为：引入场外交通道路→布置仓库与材料堆场→布置加工厂和混凝土搅拌站→布置工地内部运输道路→布置临时设施→布置临时水、电管网和其他动力设施→布置消防、保安及文明施工设施→绘制正式施工总平面图。

1. 引入场外交通道路

设计全工地性施工总平面图时，首先应从考虑大宗材料、成品、半成品、设备等进入工地的运输方式入手。当大批材料由铁路运来时，要解决铁路的引入问题；当大批材料是由水路运来时，应考虑原有码头的运用和是否增设专用码头问题；当大批材料是由公路运入时，由于汽车线路可以灵活布置，因此，一般先布置场内仓库和加工厂，然后再引入场外交通道路。

当场外运输主要采用铁路运输方式时，要考虑铁路的转弯半径和坡度的限制，确定起点和进场位置。对拟建永久性铁路的大型工业企业工地，一般可提前修建永久性铁路专用线。铁路专用线宜由工地的一侧或两侧引入，以便更好地为施工服务。如将铁路铺入工地中部，将严重影响工地的内部运输，对施工不利。只有在大型工地划分成若干个施工区域时，才宜考虑将铁路引入工地中部的方案。

当场外运输主要采用水路运输方式时，应充分运用原有码头的吞吐能力。如需增设码头，卸货码头不应少于两个，码头宽度应大于 2.5 m。如工地靠近水路，可将场内主要仓库和加工厂布置在码头附近。

当场外运输主要采用公路运输方式时，由于公路布置较灵活，一般先将仓库、加工厂等生产性临时设施布置在最经济合理的地方，再布置通向场外的公路。

2. 仓库与材料堆场的布置

通常考虑将仓库与材料堆场设置在运输方便、位置适中、运距较短并且安全防火的地方，并应根据不同材料、设备和运输方式来设置。

当采用铁路运输时，仓库通常沿铁路线布置，并且要留有足够的装卸前线。如果没有足够的装卸前线，必须在附近设置转运仓库。布置铁路沿线仓库时，应将仓库设置在靠近工地一侧，以免内部运输跨越铁路。同时仓库不宜设置在弯道处或坡道上。

当采用水路运输时，一般应在码头附近设置转运仓库，以缩短船只在码头上的停留时间。当采用公路运输时，仓库的布置较灵活。一般中心仓库布置在工地中央或靠近使用的地方，也可以布置在靠近外部交通连接处，同时也要考虑给单个建筑物施工时留有余地。砂、石、水泥、石灰、木材等仓库或堆场，应考虑取用的方便，宜布置在搅拌站、预制构件场和木材加工厂附近。对于砖、瓦和预制构件等直接使用的材料，应该直接布置在施工对象附近，以免二次搬运。工具库应布置在加工区与施工区之间交通方便处，零星、小件、专用工具库可分设于各施工区段。车库、机械站应布置在现场的入口处。油料、氧气、电石、炸药库应布置在边远、人少的安全地点，易燃、有毒材料库要设于拟建工程的下风方向。

对工业建筑工地，尚需考虑主要设备的仓库或堆场，一般笨重设备应尽可能放在车间附近，其他设备仓库可布置在外围或其他空地上。

3. 加工厂和搅拌站的布置

各种加工厂布置，应以方便使用、安全防火、运输费用少、不影响建筑安装工程施工的正常进行为原则。此外，尚需照顾到生产企业有最好的工作条件，使其生产与建筑安装工程的施工不至于互相干扰，并要考虑其将来的扩建和发展。

预制构件加工厂尽量利用建设地区永久性加工厂。只有其生产能力不能满足工程需要或运输困难时，才考虑在建设场地中的空闲地带上设置临时预制构件加工厂。

钢筋加工厂可集中或分散布置，视工地具体情况而定。对于需冷加工、对焊、点焊的钢筋骨架和大片钢筋网，宜集中布置在中心加工厂；对于小型加工、小批量生产和利用简单机具就能成型的钢筋加工，采用就近的钢筋加工棚进行。钢筋宜布置在地势较高处或架空布置，避免雨季积水污染、锈蚀钢筋。

木材加工厂设置与否，是集中还是分散设置以及设置规模，应视建设地区内有无可供利用的木材加工厂而定。如建设地区无可利用的木材加工厂，而锯材、标准门窗、标准模板等加工量又很大时，则集中布置木材联合加工厂为好。对于非标准件的加工与模板修理工作等，可分散在工地附近设置临时工棚进行加工。木工加工厂的原木、锯材堆场应靠近铁路、公路或水路沿线。锯木、成材、粗木加工车间、细木加工车间和成品堆场要按工艺流程布置，且宜设置在土建施工区边缘的下风向位置。

产生有害气体和污染空气的临时加工厂，如沥青熬制、生石灰熟化、石棉加工厂等应位于下风处。

一般的工程项目，大多使用商品混凝土，现场不设搅拌站，只要考虑城市商品混凝土搅拌站的供应能力和输送设备能否满足，及时做好订货联系即可。对大型工程项目，或零星混凝土工程，或因为某种原因（如交通不便）不能使用商品混凝土的项目，工地有时也设置混凝土搅拌站（最好用电子计算机控制配料），其布置有集中、分散、集中与分散布置相结合三种方式。当运输条件较好时，以采用集中布置较好；当运输条件较差时，则以分散布置在使用地点或塔吊等附近为宜。一般当砂、石等材料由铁路或水路运入，而且现场又有足够的混凝土输送设备时，宜采用集中布置。除此之外，还可采用集中与分散相结合的方式。砂浆搅拌站多采用分散就近布置。

另外，最好将加工厂与相应的仓库或材料堆场布置在同一地区，且多处于工地边缘，这样既便于管理和简化供应工作，又能降低铺设道路、动力管网及给水管道等费用。例如将混凝土搅拌站、预制构件加工厂、钢筋加工厂等布置在一个地区；将机械加工场、电气工场、锻工工场、电焊工场以及金属结构加工厂等布置在一个地区。在生产区域内布置各加工厂位置时，要注意各加工厂之间的生产流程，并根据将来的扩充计划，预留一定的空地。

4. 场内运输道路的布置

工地内部运输道路，应根据各加工厂、仓库及各施工对象的相对位置来布置，并研究货物周转运行图，以明确各段道路上的运输负担，从而区分主要道路和次要道路。规划道路时要特别注意满足运输车辆的安全行驶，在任何情况下，不致形成交通断绝或阻塞。在规划时，还应考虑充分利用拟建的永久性道路系统，提前修整路基及简易路面，作为施工所需的临时道路。道路应有足够的宽度和转弯半径，现场内道路干线应采用环形布置，主要道路宜采用双车道，次要道路可为单车道（其末端要设置回车场地）。临时道路的路面结构，也应根据运输情况、运输工具和使用条件的不同，采用不同的结构。一般场外与省、市公路相连的干线，宜建成混凝土路面；场区内的干线，宜采用级配碎石路面；场内支线一般为土路或砂石路。当结构不同时，最好也能在施工总平面图中用不同的符号表明。对有轨道路来讲，运输量大、车辆往来频繁之处应考虑设置避车线。

此外，在规划道路时，还应尽量考虑避免穿越池塘河滨，减少土方工程量。

5. 临时设施的布置

对于各种生活与行政管理用房应尽量利用建设单位的生活基地或现场附近的其他永久性建筑，不足部分另行修建临时建筑物。临时建筑物的设计，应遵循经济、适用、装拆方便的原则，并根据当地的气候条件、工期长短确定其建筑与结构形式。

一般全工地性行政管理用房宜设在全工地入口处，以便对外联系，也可设在工地中部，便于全工地管理。工人用的福利设施应设置在工人较集中的地方或工人必经之路。生活基地应设在场外，距工地 500~1 000 m 为宜，并避免设在低凹潮湿、有烟尘和有害健康的地方。食堂宜设在生活区，也可布置在工地与生活区之间。

6. 临时水、电管网及其他动力设施的布置

应尽量利用已有的和提前修建的永久线路，若必须设置临时线路时，应取最短线路，同时注意以下几点。

（1）临时总变电站应设在高压线进入工地处，避免高压线穿过工地。

（2）临时自备发电设备应在现场中心，或靠近主要用电区域。

（3）临时水池、水塔应设在用水中心和地势较高处。

（4）管网一般沿道路布置，供电线路应避免与其他管道设在同一侧，主要供水、供电管线采用环状，孤立点可用枝状。

（5）管线穿过道路处均要套钢管，例如一般电线套用直径50~80 mm钢管，电缆套用直径100 mm钢管，并埋入地下0.6 m处。

（6）过冬的临时水管必须埋在冰冻线以下，或采取保温措施。

（7）消防站、消火栓的布置要满足消防规定。

（8）施工场地必须有畅通的排水系统，场地排水坡度应不小于3‰，并沿道路边设立排水管（沟）等，其纵坡不小于2‰，过路处须设涵管。在山地建设时还须考虑防洪设施；在市区施工，应该设置污水沉淀池，以保证排水达到城市污水排放标准。

（9）场外管线的布置应尽可能避免穿过农田。

7. 布置消防、保安及文明施工设施

按照防火要求，工地应该在易燃建（构）筑物附近设立消防站，并必须有畅通的出入口和消防通道（应在布置运输道路时同时考虑），其宽度不得小于6 m。同时沿着道路应设置消火栓，一般要求消火栓距建筑物不应小于5 m，也不应大于25 m，距离邻近道路边缘不应大于2 m，消火栓间距不大于120 m。在工地出入口处设立保安门岗，必要时可以在工地四周设立若干瞭望台。应当指出，上述各设计步骤不是截然分开、各自孤立进行的，而是需要全面分析，综合考虑，正确处理各项设计内容间的相互联系和相互制约关系，进行多方案比较，反复修正，最后才能得出合理可行的方案。

（五）施工总平面图的绘制

施工总平面图是施工组织总设计的重要内容，是要归入档案的技术文件之一。因此，要求精心设计，认真绘制。绘制步骤如下。

（1）确定图幅大小和绘图比例。图幅大小和绘图比例应根据工地大小及布置内容多少来确定。图幅一般可选用1号图纸（840 mm×594 mm）或2号图纸（594 mm×420 mm），比例一般采用1∶1 000或1∶2 000。

（2）合理规划和设计图面。施工总平面图，除了要反映现场的布置内容外，还要反映周围环境和面貌（如已有建筑物、场外道路等）。故绘图时，应合理规划和设计图面，并应留出一定的空余图面绘制指北针、图例及文字说明等。

（3）绘制建筑总平面图的有关内容。将现场测量的方格网、现场内外已建的房屋、构筑物、道路和拟建工程等，按正确的图例绘制在图面上。

（4）绘制工地需要的临时设施。根据布置要求及面积计算，将道路、仓库、加工厂和水、电管网等临时设施绘制到图面上去。对复杂的工程必要时可采用模型布置。

（5）形成施工总平面图。在进行各项布置后，经分析比较、调整修改，形成施工总平面图，并作必要的文字说明，标上图例、比例、指北针。

完成的施工总平面图其比例要准确，图例要规范，线条粗细分明，字迹端正，图面整洁、美观。

（六）施工总平面图的科学管理

施工总平面图设计完成后，应认真贯彻其设计意图，发挥其应有作用。因此，现场对总平面图的科学管理是非常重要的。

（1）建立统一的施工总平面图管理制度。划分总平面图的使用管理范围，做到责任到人，严格控制各种材料、构件、机具等物资占用的位置、时间和面积，禁止乱堆乱放。

（2）对施工总平面布置实行动态管理，定期对现场平面进行实录、复核，修正其不合理的地方，定期召开总平面执行检查会议，奖优罚劣，协调各单位关系。

（3）对水源、电源、交通等公共项目实行统一管理。不得随意挖路断道，不得擅自拆迁建筑物和水电线路，当工程需要断水、断电、断路时要申请，经批准后方可着手进行。

（4）做好现场的清理和维护工作，经常性检修各种临时设施，明确负责部门和人员。

第五章　土木工程的施工内容

第一节　土方工程

一、土方工程施工

土石方的施工质量决定着土木工程的施工质量。科学、合理的土石方施工方案是项目后期平衡调配土石方的重要基础。

(一) 土石方施工过程中常见的问题与解决措施

1. 积水

在土方施工现场，由于施工场地辽阔，填土较深，施工设计人员要考虑现场的排水问题。如果场地周围没有相应的排水沟、截水沟等排水设施；现场的排水坡度不够，就会导致施工现场大面积积水或局部积水。预防措施：在项目施工之前，施工人员要进行充分的水文地质调查，科学地设计建筑场地内的排水沟、截水沟等设施。建议将这些排水设施设计成永久性排水设施。另外，如果施工周期较长，会经历施工地点的雨季，施工技术人员一定要充分做好雨季施工排水措施，做好应对大量积水的预案。

处理方法：①明沟排水。在施工场地附近，挖掘深水沟，保证水沟沟底连接水井。在大功率排水泵的帮助下，及时将水井内的积水排出。②深沟排水。在较大范围的施工现场，考虑到排水量的问题，为了降低排水的复杂程度，建议在距离地基较远处开挖一条较深的排水沟。这样做的好处是借助大功率排水泵将施工现场内的积水排出至深水沟。另外，要充分利用施工现场周围的正式排水系统、下水道，把积水顺利地排出至明沟、暗沟。

2. 橡皮土

橡皮土是指在回填过程中，使用了水分较高的、带有腐烂植物的土壤及泥炭土等进行操作。冲击打牢过后，基土容易发生松动，造成受压的部分四周鼓起，形成凸出的状态。橡皮土的一个特点就是具有不稳定性。预防措施：在现场施工时，要求仔细鉴别回填土料。在进行回填之前，保证基坑内没有垃圾、杂物，及时将基坑内的清水清理掉。

处理方法：要根据土石方量的大小来决定。少量土石方可以在回填过程中使用砂石；面对大量土石方时，建议将普通的吸水材料放置于吸水材料内，进行吸水操作。

3. 回填过程中地基土层的压紧度问题

在回填场地中，地基受到载荷作用，而引发大变形，这样容易降低地基的稳定性。而土壤中的含水量、填土层厚度、有机质的含量等都会影响地基土壤的密实程度。

应对措施：在回填过程中，要保证土壤的类型、特点符合相应的规范、要求。根据土木工程的性质，决定填土的密实程度。在遇到特殊情况时，要分层冲击每个土层，加大土壤的含水量。

4. 填土边坡塌方、滑坡

土壤的边坡坡度较大、未能及时清理边坡基底的杂草与杂物、未能在原陡坡处形成阶梯状的回接，在回填边坡土壤时，没有进行分层处理，边坡处的排水设施没有起到应有的作用，这些都会降低土壤内部的凝聚力，导致塌方。

应对措施：在回填过程中，要根据土壤填充的高度、填土的类型、工程的重要程度等设定填土边坡的坡度。及时清理基坑底部、做好回接的梯形接槎。另外，在施工过程中，要根据填土的压实标准，进行回填、冲击压实等操作。要在边坡的上下端，做好相应排水措施。

5. 土层松动

在回填过程中，如果回填的地层包含了大量的黏土、粉质土，冲击打压表面后，通常会出现一层硬壳，使土层松动。

应对措施：在打击充实土壤的过程中，要严格控制土壤的水，避免在含水量较高的土层中进行回填作业。填充区域如果包含大量的地下水，就要做好相应的排水措施，及时、有效地排出地下水。采用土、石灰粉等吸水材料均匀渗入土壤中，利用其吸水性能，降低土壤中的含水量。

6. 土层的密实程度

在回填时，如果填的土壤没有达到相应的标准，其中的杂料、废物等含量超过

8%，或含有其他的杂质作为填料，就不能达到合适的密实程度。在回填过程中，填充的厚度较大，且压实程度不够。

防治措施：严格按照相应的标准、要求，选择合适的土壤进行回填。根据相应的机械条件，选择合适的施工机械。借助实验等手段，测定土壤中的含水量、每层土壤的厚度、压实程度、机械行进速度。还需要进行实地检验，使其达到相应的密实程度标准。对于不符合相应标准、要求的土壤，建议采取更换土壤，掺入石灰、细石的防范方法，进行试压、加固。当土壤的含水量超过一定程度时，建议采取翻松、风干以及重新冲击加压的方法处理；对于水分过小、碾压机具效果有限的情况，建议采取多次增压、更换大功率机械的方式进行碾压。

7. 边坡的界面不平整

在施工过程中，所使用的施工机械不符合施工规范，会出现多挖、少挖的现象。边坡上的松软土层受到来自外界自然条件的干扰，会出现坡面凹凸不平的现象。

处理措施：采用局部挖掘的方式，借助灰土进行冲击打实土层，建议在与原土层的接触位置采用台阶接槎，防止土层出现滑动。

（二）土石方施工过程应把握的要点

在土石方的施工过程中，为了保证施工的质量、进度，要严格按照既定的方针、策略执行。在执行过程中，应把握好以下几个要点：第一，最大限度地利用当地的地形条件、自然环境，减少土石方的施工量。第二，满足项目功能的布置需要。第三，及时、有效地处理施工现场的给排水问题。第四，按照既定的相关指标要求来执行，不得私自更改施工方案。第五，在设计图纸的基础上，还要考量与周围环境的配合程度。基于以上考虑，土石方的设计既要从整体建筑的外观入手，又要照顾整栋建筑的功能，最重要的是要考虑工程的造价。

建筑施工过程中，土石方施工是基础，是施工之前的准备环节，决定着整个项目工程的进度、质量。在整个建筑施工过程中，施工人员要科学、严谨地勘察、分析、管控好施工质量，把握好施工工艺，严格遵循相关的设计原则、施工标准，进行有效的施工作业。同时，还要做好相应的应急防范措施，一旦出现积水、橡皮土等问题，要采取相应的应对措施，积极应对，并积极总结施工经验，从中找到解决问题的途径。

（三）土方工程施工过程中存在风险的识别

在土方工程施工过程中，主要存在以下风险因素。

1. 自然条件方面

地质情况，水文情况，气候情况。

2. 结构设计方面

基槽开挖的深度和宽度，填筑的高度和厚度等。

3. 施工原因方面

降排水的方法，放坡尺寸大小，施工方法与措施，选用的施工机械、施工顺序，桩基的设计与材料的选用，场地布置等。

4. 人员与技术管理方面

项目管理人员整体素质不高，技术不全面。在项目实施过程中未能编制针对性实施方案，未对施工人员及时进行安全技术交底，监督与检查不到位。机械操作、用电等特种作业人员未持证上岗或未经过严格的技术培训。

5. 周边环境方面

周边建筑物情况，周边基础设施的位置，周边工程施工情况，运输道路情况、水电供应等情况。

（四）土方施工过程中的风险控制对策

针对在施工过程中存在的各种风险因素，主要从以下几个方面进行控制。

1. 施工准备阶段

（1）勘查现场掌握第一手资料，摸清工程特征的情况，针对性地制定切实可行的施工方案，并经上一级技术部门审核批准后执行。

（2）做好施工场地防洪排水工作，对施工现场进行全面规划与统筹安排。

（3）保护测量基准桩，以保证土方开挖标高位置与尺寸准确。

（4）做好施工用电、用水、道路及其他设施。

（5）深基坑土方的开挖要按有关技术规定要求进行基坑设计与处理，符合相关安全规范规定要求后，再进行土方工程开挖的施工。

（6）对特种作业人员施工前，应进行针对性的安全风险教育和安全技术交底。施工人员学习并掌握专项施工方案及技术重点要求，严格按照方案和规范技术要求进行操作与施工。

（7）做好材料、机械设备等的准备与计划工作。施工前应对所需的材料、机械设备等进行采购或租赁，保证材料、机械设备符合施工进度计划的要求。机械设备应定期进行维修与保养，严禁机械设备带病工作。

2. 土方开挖的安全措施

（1）在施工组织设计中，要有专项土方工程施工方案，对施工人员、机械设备的准备、开挖方法、放坡、排水、边坡支护应根据有关规范要求进行设计，深基坑边坡支护工程要有设计计算书。

（2）根据土方工程开挖深度和工程量的大小，合理选择与之匹配的施工机械设备和机械挖土施工方案。

（3）人工挖基坑时，操作人员之间要保持安全距离，一般大于 2.5 m；多台机械开挖，挖土间距大于 10 m，挖土自上而下，逐层进行，严禁先挖坡脚的危险作业。

（4）土方工程开挖前对周围环境及施工现场要认真地进行检查，查明各种危险源。机械设备进场前应对现场和行进的道路进行勘察，不满足通行要求的地段应采取必要的加固措施。机械作业在地下电缆或燃气管道 2 m 半径及上下水管线 1 m 范围内进行时，应有专人进行监护与控制。作业时操作人员不得擅自离开岗位或将机械设备交给其他无证人员操作。严禁疲劳和酒后作业，更不能在危险岩石或建筑物下面进行作业。

（5）如开挖的基坑（槽）比邻近建筑物基础深时，开挖应保持一定的距离和坡度，以免在施工时影响邻近建筑物的稳定，如不能满足要求，应采取边坡支撑加固措施，并在施工中进行沉降和位移观测。

（6）基坑开挖应严格按要求放坡，操作时应随时注意边坡稳定情况，发现问题及时加固处理。基坑开挖深度超过 2 m 时，基坑的周边应有安全防护栏杆，防护栏杆应符合有关安全规范的规定要求。

（7）机械挖土，多台阶同时开挖土方时，必须有专人进行协调和指挥。机械在边坡行进，应根据规定验算确定挖土机械离边坡的安全距离。夜间工作时，现场必须有足够的照明，机械设备照明装置应完好无损并符合相关规范要求。

（8）两台以上推土机在同一区域作业时，两机前后的距离不得小于 8 m，平行时左、右距离不得小于1.5 m。两台以上铲运机在同一区域作业时，自行式铲运机前后距离不得小于20 m（铲土时不得小于10 m），拖式铲运机前后不得小于10 m（铲运时不得小于5 m），平行时左、右距离均不得小于2 m。

（9）深基坑四周设防护栏杆，人员上下要有专用爬梯。坡顶与坡底应有排水措施且排水通畅。

（10）为防止基坑底的土被扰动，基坑挖好后要尽量减少暴露时间，及时进行下一道工序的施工。如不能立即进行下一道工序，要预留15 cm~30 cm厚覆盖土层，待基础施工时再挖去。

（11）运土道路的坡度、转弯半径要符合有关安全规定。

（12）爆破土方要遵守爆破作业安全有关规定。土方爆破工程应由具有相应爆破资质和安全生产许可证的企业承担，爆破方案必须进行专家论证并严格按专家论证的方案实施。爆破作业人员应取得有关部门颁发的资格证书，持证上岗，爆破作业现场的管理人员也必须具有相应资格的技术人员负责指导施工。

（13）弃土应及时运出，如需要临时堆土，或留作回填土，堆土坡脚至坑边距离应按挖坑深度、边坡坡度和土的类别确定，在边坡支护设计时，应考虑堆土附加的侧压力。

3. 检查与验收

（1）基础工程土方开挖前，首先要对施工机械设备、施工工艺、施工参数等进行检查。

（2）土方工程开挖前，深基坑工程要复核设计条件，对已经施工的围护结构质量进行检查，合格后方可进行工程土方的开挖。

（3）基坑土方开挖与验收主要包括以下内容。

①开挖的深度、宽度尺寸情况；

②基础降排水等情况；

③回填土方的质量情况；

④其他需要检查的内容。

（五）对基坑土方开挖过程中危险源的预防和控制措施

（1）在土方开挖施工过程中，对于深基坑工程应定期对基坑及周边进行巡视，随时检查基坑位移（土体裂缝）、倾斜、土体及周边道路的沉陷或隆起、地下水涌出、管线开裂、不明气体冒出和基础防护栏杆等的安全性。

（2）深基坑土方在开挖过程中，必须严格按基坑变形监测方案及时进行监测，发现异常情况及时采取应对措施。当出现位移等超过预警值、地表裂缝或沉陷等情况时，应及时报告。如出现塌方险情等征兆时，应立即停止施工作业，组织撤离危险区域，并立即通知有关方面研究处理。

（3）在大雨、冰雹、大雪及风力6级及以上强风等恶劣天气条件下，要对正在开挖的基坑进行全面检查，对发现存在的隐患问题及时进行处理。

（4）对于深基坑土方的开挖，基坑支护结构必须达到设计强度要求后，才能开挖下层土方，严禁提前开挖和超挖。在施工过程中，严禁机械设备或重物碰撞支撑、腰梁、锚杆等基坑支护结构，同时也不得在支护结构上放置或悬挂重物。

（5）基坑土方开挖后，应及时在基坑边坡的顶部设排水沟，基坑底部四周也应设排水沟和集水井，定期及时排除积水。基坑挖至坑底设计标高要求后，应及时清理基底并验收后及时浇筑混凝土垫层。

（6）在基坑开挖过程中，应严格按三级配电二级保护的要求，安装好用电设备、设施，确保用电设备的安全，防止用电事故的发生。

（7）在土方开挖过程中，遇到下列情况之一时，应立即停止操作。

①填挖区土体不稳定，异常软弱土层，流沙（土），有倒塌可能；

②地面涌水冒浆，出现陷车或因下雨发生坡道打滑；

③发生大雨、浓雾、水位暴涨及山洪暴发等情况；

④施工标志及防护设施被破坏；

⑤工作面净空不足以保证安全；

⑥出现其他不能保证作业和通行安全的情况。

对上述情况的出现，应立即停止作业，及时查明原因，并采取有效的安全措施进行处理，确保符合安全作业条件后，方可继续施工。

土方工程的开挖过程，也是一项安全管理活动的过程。在施工过程中，应严格按照设计及施工规范等技术要求，认真地执行和落实到位；并积极加强信息化方法的运用和管理。只有根据施工现场的地质情况和监测资料，对地质结论、设计参数进行验证，对施工工程的各项安全性进行判断并及时调整施工方案，才能确保整个施工过程的安全，才能保证人民生命及财产的安全，才能更好地节约工程项目的投资，最大化地增强社会效益和经济效益。

二、土方工程造价的控制

工程结算是整个工程项目造价控制的最后阶段，土方工程造价因其在整个工程项目造价中所占的比例较小，因此往往没有引起造价人员的重视。实际上，承包商通常从该部分工程中获取额外的利润；同时，土方工程造价因其特殊性，造价控制有一定的难度，引起的纠纷也较多。因此，需要采取有效的方法尽量减少或避免在土方工程结算中的争议，以期客观、真实地反映这一分项工程的造价。

（一）土方工程造价控制的影响因素

（1）由于建设工程通常工期较长，而土方工程在施工初期阶段现场施工条件比较复杂，加之工程管理不健全，因而经常影响结算造价的准确性。在实际结算工作中，经常出现由于现场土方堆运、调配等方面管理不善，造成结算造价的大幅度增加。如在天津津滨某水业有限公司投资的 DN1800 大港供水工程结算工作中，施工单位上报的土方工程量远大于工程投标中的计算值，导致造价增加 200 万左右。针对上述问题，通过仔细研究图纸及相关资料，并询问现场管理人员发现，这是由于施工方案中采取挖土后就近堆土，但实际堆土的位置影响了后续工程的工作面及场内运输，因此再次将堆土运出场外，从而导致造价增加。同时现场的不确定性因素较多，实际情况远比设计图纸复杂，而且所需土方量较大，故增加了装土、运土、弃土、运输等费用。这种由于对现场情况预计不足、管理不善而造成的二次装运土、三次装运土的情况在实际工程中经常发生，同时，由于土方购买费用很难控制，故导致土方工程造价难以控制。

（2）土方工程属于隐蔽工程，如果没有完整的隐蔽工程记录，对设计变更、工程联系单等未办理相应的签证或以书面形式加以确认，必将影响结算阶段的计价工作。一般工程项目的建设期较长，工程人员的流动性也较大。如果没有完整的隐蔽工程记录，没有对设计变更、工程联系单的工作内容是否已按要求施工进行确认，就会出现工作量无法确认的情况，使得结算工作非常困难。如 DN1800 大港供水工程的竣工结算中，由于该项目在施工阶段时间紧、任务急、现场情况复杂，而且同时有多家施工单位进场施工，因此给现场管理工作造成了一些困难，使得部分隐蔽工程记录不齐全，手续不完整。此外，设计变更、工程联系单发出后，施工单位是否按要求实施未有书面确认等，因此在结算工作中就会出现很多问题。如按施工方案规定，所有的开挖均为机械挖土，但在实际施工中存在人工挖土且签证等手续不完整，未说明原因实际挖土的土方量等多种情况，而隐蔽工程记录对此无记载，其他竣工资料也没有相关记录，则该部分土方工程的结算将存在很大争议。施工单位结算的造价是258万元，而根据现有竣工图及竣工资料计算的工程造价仅为173万元。通过与现场监理人员反复核实后，最后只能估算确定，无法客观、真实地完成计价工作。

（3）由于施工工序、方法、工期、季节性施工等原因往往给工程造价带来很大的差异。实际工作中，施工单位编制的施工方案规定基坑采用机械大开挖，根据相关施工规范，当进行基坑机械挖土时，为防止超挖及对基底原土的扰动，最多只能开挖至基底以上10 cm，用人工挖土完成剩余的土方开挖工作。因此，在实际施工中，施工单位在已经平整好的场地进行基坑机械大开挖，挖至离设计基底标高10～20 cm处改用人工挖土。因此，甲方计价人员将这10～20 cm的人工挖土套场地平整项目，而施工单位计价人员则认为应套机械挖土。由于定额的计价规则对此无明确规定，故导致计算结果出现争议。

（4）由于土方工程所处的地理条件复杂，地质勘测取样数量不足，可靠性不高及图形不规则，因而给工程量的计算带来一些差异。土方工程是项目开发初期的第一步工作，往往由于项目用地的地理条件复杂（如山地、坡地）、地质勘测取样数量不足（取样点间距过大，无法准确反映实际地质地貌）等原因，影响了竣工图纸的准确性，从而使土方工程的工程量计算不够准确。例如，某房地产项目的建设用地为一山包，且坡度起伏变化较大，在进行原状土地形测量时，取样点仍按一般场地布置（10 m×10 m），结果制作的等高线地形图与现场实际差距非常大，按图计算的工程量与实际结果有明显误差。

（二）土方工程造价控制的关键及措施

（1）通过对施工方案的审查，强化施工前的方案控制。施工方案是指导施工过程的重要文件，也是影响工程造价的重要文件。因此，在施工单位编制施工方案后，甲方和监理应该在充分了解施工现场的前提下，认真审核施工方案的可行性、经济性，并尽可能对施工方案进行优化。此阶段，造价人员应及时介入，通过对各种施工方案进行造价评估，为最后的施工方案的选择提供参考意见。对土方工程施工方案的审核应重视开挖方式（人工、机械）和运输方式的选择、运距的确定以及场内土方的倒运等。

（2）加强施工现场管理，对施工过程形成文字记录，作为将来结算的依据。土方工程为隐蔽工程，做好分部分项工程验收记录非常重要，特别是设计变更和工程联系单，应以书面形式对变更内容是否实施、如何实施加以确认。现场工程管理人员应强化责任心，工程造价人员应深入现场，及时掌握施工现场的实际情况。实际施工方法与施工方案不相符时，应及时进行文字记录，以便将来查询。设计变更和工程联系单发出后，应及时跟踪了解实施情况，并将实施过程、实施结果形成文字记录。总之，只有对土方工程的施工全过程形成完整及详细的书面文字记录，结算时才能避免出现各类纠纷。

（3）提高造价人员的专业技术水平，积极运用科学的计算方法和工具，客观、真实、准确地完成土方工程的计价工作。工作中经常遇到土堆形状不规则、标高较多等复杂情况，以往是按照地面的平均标高、土方的厚度进行估算，然后协商确定工程量，因此无法准确反映工程量。目前，可以采用计量软件或 AutoCAD 制图软件与 Excel 软件相结合的办法解决这一问题，这就要求造价人员及时学习先进的工作方法，以提高工作效率及工程量计算的准确性。

为实现工程造价的有效控制和管理，合理、全面、真实地反映建筑产品的价值，应在施工阶段采取各种措施实现工程造价的管理和控制，尤其要注意在施工前，根据设计要求和相关规范制订合理的施工方案。造价人员也应积极介入施工管理全过程，提高工程造价控制工作的主动性，以期有效控制工程造价。

三、土方工程机械的选择

土方工程一般都是在露天的环境下作业，所以施工条件比较艰苦。人工开挖土方，工人劳动强度大，工作繁重。土方施工经常受各地气候、水文、地质、地下障碍物等因素的影响，不可确定的因素也较多，施工中有时会遇到各种意想不到的问题。土方工程施工有一定的危险性，应加强对施工过程中安全工作的领导。土方工程机械启动前应将离合器分离或将变速杆放在空挡位置。机械在慢速行驶时，人员不得上下机械和传递物件，上坡不得换挡，下坡不准空挡滑行。

若在深沟、基坑或陡坡施工地点作业，必须有专人指挥，才能施工。几台机械在一起作业时，前后左右应保持一定的安全作业距离。

（一）土方工程机械的种类

土方工程施工机械的种类繁多，有推土机、铲运机、平土机、装载机、自卸车、松土机、单斗挖土机及多斗挖土机和各种碾压、夯实机械等。在土木工程施工中，以推土机、装载机、自卸车、铲运机、挖掘机、压路机和平地机应用最广，也具有代表性。

以铲运机为例，铲运机是一种能综合完成全部土方施工工序（挖土、装土、运土、卸土和平土）的机械。按行走方式分为自行式铲运机和拖式铲运机两种。铲运机操纵简单，不受地形限制，能独立工作，行驶速度快，生产效率高。铲运机适于开挖一类至三类土，常用于坡度 20°以内的大面积土方挖、填、平整、压实，以及大型基坑开挖和堤坝填筑等。铲运机运行路线和施工方法视工程大小、运距长短、土的性质和地形条件等而定，其运行路线可采用环形路线或 8 字路线。其中托式铲运机的适用运距为 80~800 m，当运距为 200~350 m 时效率最高。而自行式铲运机的适用运距为 800~1 500 m。采用下坡铲土、跨铲法、推土机助铲法等，可缩短装土时间、提高土斗装土量，以充分发挥其效率。

（二）土方机械的选择与合理配置

1. 土方机械的选择

土方机械的选择，通常应根据工程特点和技术条件提出几种可行方案，然后进行技术经济分析比较，选择效率高、综合费用低的机械进行施工，一般选用土方施工单价最小的机械。在大型建设项目中，土方工程量很大，而当时现有的施工机械的类型及数量常常有一定的限制，此时必须将现有机械进行统筹分配，以使施工费用最小。一般可以用线性规划的方法确定土方施工机械的最优分配方案。

2. 土方施工机械的操作要点

（1）当地形起伏不大、坡度在 20°以内、挖填平整土方的面积较大、土的含水量适当、平均运距短（一般在 1 km 以内）时，采用铲运机较为合适；如果土质坚硬或冬季冻土层厚度超过 100~150 mm 时，必须由其他机械辅助翻松再铲运。当一般土的含水量大于 25%或黏土含水量超过 30%时，铲运机会陷车，必须将水疏干后再施工。

（2）地形起伏大的山区丘陵地带，一般挖土高度在 3 m 以上，运输距离超过 1 000 m，工程量较大且集中，一般可采用正（反）铲挖掘机配合自卸汽车进行施工，并在弃土区配备推土机平整场地。当挖土层厚度在 5 m 以上时，可在挖土段的较低处设置倒土漏斗，用推土机将土推入漏斗中，并用自卸汽车在漏斗下装土运走。漏斗上口尺寸为3.5 m左右，由钢框架支撑，底部预先挖平以便装车，漏斗左右及后侧土壁应加以支护。也可以用挖掘机或推土机开挖土方并将土方集中堆放，再用装载机把土装到自卸汽车上运走。

（3）开挖基坑时，如土的含水量较小，可结合运距、挖掘深度，分别选用推土机、铲运机或正铲（或反铲）挖掘机配以自卸汽车进行施工。当基坑深度在1~2 m、基坑不太长时，可采用推土机；长度较大、深度在2 m以内的线状基坑，可用铲运机；当基坑较大、工程量集中时，可选用正铲挖掘机。如地下水位较高，又不采用降水措施，或土质松软，可能造成机械陷车时，则采用反铲、拉铲或抓铲挖掘机配以自卸汽车施工较为合适。移挖作填以及基坑和管沟的回填，运距在60~100 m时可用推土机。

（三）土方工程施工机械伤害的防范措施

施工机械伤害一般包括：起重机械伤害；提升机械伤害；土方机械伤害；搅拌机械伤害；其他机械（如钢筋机械、装修机械等）伤害。

1. 管理防范措施

（1）严格实行安全生产责任制。应贯彻实行“安全第一，预防为主”的方针，设置专门的安全管理机构，应明确机械中各级负责人的责任。（2）设备配备环节严格把关。（3）加强对设备的安全管理和维护。（4）开展安全技术培训。（5）加强安全检查，消除安全隐患。

2. 土方工程机械伤害的一般防范措施

（1）操作人员应体检合格，应经过专业培训、考核合格并取得操作证或机动车驾驶执照后，方可持证上岗。（2）在工作中，操作人员和配合作业人员必须按规定正确穿戴劳动保护用品，长发应束紧，不得外露，高处作业时必须系安全带。（3）操作人员在作业过程中，不得擅自离开工作岗位或将机械交给其他无证人员操作。严禁无关人员进入作业区或操作室内。（4）机械必须按照出厂使用说明书规定的技术性能、承载能力和使用条件，正确操作，合理使用，严禁超载作业或任意扩大使用范围。（5）机械上的各种安全防护装置及监测、指示、仪表、报警等自动报警装置、信号装置应完好齐全。安全防护装置不完整或已失效的机械不得使用。（6）机械不得“带病”运转。操作人员应认真及时做好各级保养工作。运转中发现不正常时，应先停机检查，排除故障后方可使用。严禁在运转中检查、维修各部件。机械维修保养时，应将所有控制开关扳至零位，切断主电源，并在闸箱处挂“禁止合闸”标志，必要时应设专人监护。(7) 停用1个月以上或封存的机械，应认真做好停用或封存前的保养工作，并应采取预防风沙、雨淋、水泡、锈蚀等措施。

土方工程机械在施工过程中要严格遵守工程机械的施工要求和制度，根据不同的土方施工环境，选择不同的合适的工程机械，同时在施工过程中要注意安全施工管理。

四、土方工程的进度管理

(一) 土方工程项目进度管理的概念和意义

1. 土方工程项目进度管理的概念

土方工程项目进度控制管理是指，对工程项目各阶段的工作内容、工作程序、持续时间和衔接关系编制进度计划，并将该计划付诸实施的过程。在执行该计划的施工中，经常需要检查土方工程施工实际进度情况，并将其与计划进度相比较。在比较过程中，若出现偏差，要合理地分析原因，并推出调整措施，修改原计划。通过不断的如此循环，直至工程竣工验收。土方工程项目进度管理的最终目的是确保建设项目按预定的时间或提前交付使用。此外，做好土方工程项目进度管理工作，要求在后期的施工过程中，提高土方工程质量水平和施工过程中的安全性，不能盲目地赶工程进度，避免给承包商自己带来经济损失。

2. 土方工程项目进度管理的意义

随着我国经济的发展，城市化建设的加快，土方工程项目也越来越多。通过科学、有效的方法切实提高土方工程项目进度管理水平，对于促进土方工程领域更好地发展意义重大。近年来，土方工程建设的规模逐渐扩大，工程施工工艺难度也逐渐增加。在土方工程施工过程中，经常出现各类质量不达标和延期的现象，影响工程项目的顺利进行。因此，加强土方工程项目进度控制与管理具有重大的实际意义，不仅可以避免一些由于计划不合理或者突发因素造成的工程质量不达标现象，而且可以有效地避免由于承包商自身的原因、风险因素等带来的工程延期事故。总之，科学、有效地提高土方工程项目进度管理的水平，能够使工程有效地避免众多由于延期带来的纠纷和麻烦，促进工程建设的顺利进行，切实提高土方工程的整体质量水平。

（二）土方工程项目管理的工作内容

土方工程项目进度管理和控制工作的主要内容与流程如下。

（1）在土方工程项目施工前，科学、有效地编制出施工总的进度计划，而后经审核批准后，按照计划执行，在要求的工期内完成整个工程项目。

（2）相关管理人员要编制土方工程项目的进度计划，并规范进度计划的管理。进度计划要详细到季度、月旬的作业，并保证完成任务规定的目标。

（3）在土方工程项目进度计划的实施过程中，相关管理人员要采取适当的方法，定期跟踪检查土方工程的实际进度状况，然后与计划进度进行对照、比较，找出其中的偏差。通过科学、有效的方法，细致地分析产生偏差的因素，并及时有效地与监理单位、承包商和相关部门进行指导、监督和协调，采取措施，调整工程进度计划。

在整个土方工程项目施工过程中，为了充分做好项目管理工作，相关人员要不断地循环往复这个过程，直至整个项目竣工。土方工程项目进度控制和管理工作，能够避免预算大幅度的增加等，保证工程项目的经济效益，给承包商的发展带来更大的机遇。因此，相关管理人员要提高对土方工程项目进度控制和管理工作的重视程度，切实加大管理力度，促进土方工程建设的顺利、高效展开。

（三）目前土方工程项目进度管理存在的问题

1. 土方工程项目计划不完善

目前，我国许多土方工程项目实施中，项目计划体系还不够完善，还没有制度化、明确化的相关规范。土方工程施工过程中，许多施工人员并不能了解具体的项目进展情况。土方工程项目计划不完善的一个重要原因，是一些项目计划的编制者往往只是把计划和流程记在了脑子里，而没有具体落实。

此外，计划上基本都是采用施工进度横道图。有时在编制网络计划时用双代号网络图，这都不能很好地优化计划，使其更好地实行。比如，一个成立于1998年的某建筑集团，通过自己的努力，有了很快的发展，综合生产能力一路提升。但随着接手的土方工程项目越来越多，项目计划中出现的问题也越来越多。经常出现各地项目延期的严重问题，进度不能保证。项目总负责人往往由于管理事情过多，出现顾东顾不了西的情况。同时，由于负责任能力不同，致使项目施工过程中问题颇多，使整个建筑集团陷入了困境，严重阻碍了公司的发展。

2. 土方工程项目施工进度影响因素考虑不周

承包商对影响土方工程项目施工进度影响因素考虑不周，是土方工程项目进度管理存在的问题之一。在土方工程项目的施工过程中，有许多因素会影响到工程的施工进度。

（1）人为因素。承包商、监理单位、图纸设计单位等都会带来人为因素，这些人为因素可能会使土方工程施工过程中出现不规范或者偏离设计标准的情况。如果这些因素不能得到很好的处理，都会影响工程的进度。

（2）设计变更。在土方工程施工建设过程中，存在施工设计的变更或者图纸设计不符合实际施工情况等客观因素。如果这些问题不能及时解决或者达成一致，将导致土方工程中断，严重影响施工进度。

（3）天气因素。天气因素也可能对土方工程建设带来影响，影响工程的进度。在施工过程中出现的恶劣天气或者自然灾害，都可能使施工无法进行。如果这些因素不加以考虑，也会影响施工进度。目前，我国的许多承包商都不能考虑好这些因素，一味地赶工期，造成土方工程的最终质量不高。因此，承包商在土方工程施工前，应对影响土方工程项目施工进度的因素进行合理的管理和控制。

（四）加强土方工程项目进度管理的有效措施

1. 完善土方工程项目计划

随着工程建设市场的逐步规范，完善土方工程项目计划越来越重要。下面将具体介绍如何有效地完善土方工程项目计划，加强工程进度管理，保证工程高质、高效地施工。

（1）充分做好土方工程前期计划准备。要切实、有效地完善土方工程项目计划，促进土方工程项目进度管理的有效进行，相关管理人员要做好土方工程的前期计划准备工作。每个土方工程项目的施工都是一个很复杂的程序，一般需要很多人力、物力、财力的投入。同时，在施工过程中，大都是高度机械化、高要求的工作。因此，充分、扎实、严谨、细致的前期准备工作可以创造优良的内部施工环境，可以保证施工的顺利进行。施工的前期准备包括施工的技术准备、法律准备以及各方面的协调准备和现场准备等。每一项的准备都是十分必要的，都是使工程按期进行的前提条件，也是承包商取得良好经济效益和社会效益的先决条件。

（2）完善施工过程的计划管理。土方工程的施工多是户外和机械化作业，工程量较大、周期都较长。因此，良好的施工计划管理显得十分重要。施工计划管理不仅包括施工进度管理，还包括质量管理、技术管理等。其中，进度管理，应按照工艺要求和业主提出的变更计划，以及施工过程中与原计划出现的偏差，不断调整新的进度计划，充分利用工时，最大限度地缩短工期并保质保量地完成整个工程项目的施工。

此外，要充分完善施工过程的计划管理，还要做好施工所需的物资设备和施工过程中的安全生产保障等。这样才能使整个土方工程项目的施工顺利进行，也是承包商取得良好经济效益和社会效益的必要条件。

2. 充分考虑土方工程项目施工进度影响因素

在土方工程项目进度管理过程中，充分考虑土方工程项目施工进度影响因素，对于及时分析问题、解决问题具有重要的意义。承包商应从工程的前期准备直至工程项目的交付使用期间都应处理好施工的内外部环境，对于可能影响土方工程建设的各个因素进行充分的考虑，应用相应的预防措施，进而保证工程建设的有序、高效进行。在工程建设前期，还要对影响进度的因素进行一定的分析，最大限度地减小其对土方工程施工进度管理的影响。

3. 优化管理制度并提高管理水平

在土方工程项目进度管理过程中，通过科学、有效的方法，切实优化管理制度并提高管理水平，对于加强工程管理，保证土方工程有序、高效建设具有重大的意义。为了有效地落实优化管理制度并提高管理水平工作，企业要逐步提高管理者的管理水平和技术人员的水平。一般来说，工程项目施工现场的监理人员，要比其从业人员更了解安全生产的法律法规和标准规范。作为施工现场的监管人员，要履行好自己的责任。施工监理人员要将从业人员的安全放到第一位，要规范施工人员的行为，起到更好的监管作用，从而控制好土方工程项目施工现场的进度。此外，施工单位还要培养更多的专业技术人员，增加科技成果在工程项目施工中的应用，制定出规范的进度计划，最大限度保证项目的进度计划和质量标准，提高企业的经济效益。

总之，科学、有效地分析土方工程项目施工进度管理存在的问题，并切实加快施工进度管理水平，对于保证土方工程的质量水平，提高经济效益具有重要的意义。目前，我国当前许多土方工程的进度控制和管理还存在许多问题，与国际上一些西方发达国家水平相比还有一定的差距。因此，我们要在保证原有水平的基础上，还要不断地创新和探索，进一步考虑所有可能的影响因素，解决土方工程项目进度管理中存在的问题，进一步促进我国土方工程领域持续、稳定、健康发展。

第二节 桩基础工程

一、桩基础施工

在展开土木工程建设期间，虽然会用到多种不同的施工技术，但是其中桩基础施工技术不仅是使用频率最高的技术，也是杜绝被忽略的部分，因为其能对土木工程质量和价值起到决定性作用。所谓桩基础，其实是桩基和桩顶承台共同组成的工程。在桩基工程展开施工时，既要考虑影响桩基础施工的各项因素，也要基于实际情况选取相宜的施工技术，以促使桩基础施工符合相关要求。另外，在桩基础施工中，使用相适应的施工技术，不但能增强建筑结构的承受能力，而且能提升建筑物的稳固性，甚至预防部分土木工程发生相关方面的坍塌事故，从而保证施工人员及其他人员的安全，这对土木工程行业长远性发展具有重要的现实意义。

（一）常见的桩基础施工技术

1. 人工挖孔桩

在桩基础工程施工期间，人工挖孔桩是使用比较多的技术。人工挖孔桩施工技术使用的时间较早，所以在使用期间能借鉴的经验很多，而且该项施工技术使用期间的成本偏低。另外，桩基础工程施工中使用人工挖孔桩技术，既能降低对生态环境的污染程度，减少工程施工中对资源的损耗，也能缩短工程施工周期，并且该项施工技术操作难度系数偏低，在展开人工挖孔桩期间，桩基通常具有相对比较大的承载力，从而增强桩基的稳定性。但是该项施工技术在使用期间存在一定的局限性，其只能被应用于地下含水量在 20 m 以下的土层。换言之，如果地下含水量超出 20 m 时，该项技术则不具备适用性。

2. 振动沉桩

在桩基础工程施工期间，通常会使用多种施工技术，振动沉桩便是其中的一种。振动沉桩技术应用期间，主要是基于振捣器和重力的作用，以增强岩土的密度，在此过程中建筑承受力也会发生改变，最后达到土木工程预期规划建设的要求。在桩基础工程施工过程中，采用振动沉桩施工技术时，相关人员首要便是勘察工程施工区域内的地质条件，如土壤情况。如果工程区域内的土壤黏性偏低，那么振动沉桩技术是首选。在使用振动沉桩技术期间，施工人员在进行“打桩”操作时要根据相关要求，合理控制“打桩”的力度，以确保桩基础施工能获取良好的效果。

3. 钻孔灌注桩

在桩基础工程展开施工期间，往往也会对钻孔灌注桩加以应用，该种施工技术在使用期间，对机械设备有很强的依赖性，从严格层面上而言，其是一种注桩。因此，在钻孔灌注桩技术使用期间，需要凭借钢筋笼作为辅助条件，从而使桩基础施工的性能可以符合相关要求。在桩基础工程施工过程中，使用钻孔灌注桩施工技术的基本步骤是：第一步，使用相适应的机械设备合理开展钻孔作业。第二步，根据相关要求做好桩基支撑作业。众所周知，在桩基础施工过程中，桩体受力位移过程中必然会产生相应的动态压力，利用此种动态压力来展开桩基础填补的工作，可以达到减少缩颈的目的。此外，要基于实际情况为前提，适当增大桩基和地面的接触面积，以增强桩基础的稳定性。在桩基成孔以后，需要及时拆除孔内的钢筋，进一步提升桩基础工程施工质量。

4. 静压桩

目前，在土木工程桩基施工期间，静压桩属于一种新型的桩基施工技术，使用效果也相对较好。然而，该种施工技术在使用期间，其技术成本比较高。静压桩技术在使用期间，通常具有诸多方面的优势，主要有以下几点：(1) 不会产生严重的噪声污染；(2) 使用的施工设备和设施相对较简单；(3) 操作难度系数小；(4) 资源损耗量少，与现阶段低碳经济理念相符。静压桩技术在使用期间，主要是借助设备产生的压力，来完成相关的桩基础施工操作，应用分段式压入方法来展开测量定位的工作以后，展开桩基阶的划分，最后根据相关规范标准要求有序打入桩基。

（二）土木工程施工中桩基础施工技术的施工要点

1. 勘察施工现场和周边环境

在桩基础工程施工过程中，除了涉及诸多方面的问题外，还会受到很多因素的影响，如地质条件等。这就要求相关工作人员对工程施工现场和周边环境展开全方位勘察，尤其是地形地势复杂的工程区域，并做好相关方面的信息数据收集工作，在制定桩基工程施工方案期间及桩基础正式施工期间，都要以该部分信息数据作为参考资料，促使桩基础工程施工期间能有相应的先决性条件，进而使得桩基础工程施工能按照相关规定展开，最终为土木工程施工有序推进创建良好的条件。

2. 做好施工前的准备工作

其一，在土木工程施工期间，施工现场要始终处于干净整洁的状态。其二，由于桩基础施工期间，不但对成桩施工现场有着比较高的要求，而且因成桩的密集型特点突出，所以务必确保工程施工现场物资充足，且与桩基础工程施工要求相符。同时，桩基础施工现场要保持平整状态，这样能保证桩基础施工做到按照工程规划方案展开。其三，因桩基础施工种类相对较多的缘故，工程施工前期准备工作也会存在差异性，因此要按照工程实际情况展开施工前的准备工作。

3. 放线工作

在桩基础工程施工时，放线工作是非常重要的部分，所以要做好以下几点工作。第一，在放线阶段，要以工程施工设计图纸和具体放线方案为基础条件，在展开放线操作期间，应该遵循相关规范标准要求，如技术规定。第二，在展开放线操作之前，要对放线区域做好实地勘察，从而确保桩基础上的轴线、轴线位置与工程设计方案要求相符合，轴线是在工程建设限定的放线网格内。第三，在展开定桩施工期间，要使成桩效果能达到相关要求。在放线作业结束以后，还要复查和校对放线的情况，使放线施工水准点的偏差不会太大，即便存在误差，也在限定范围内，最终达到提升桩基础工程施工质量的目的。

（三）土木工程施工中桩基础施工技术探讨

1. 筑桩技术

在土木工程展开桩基础建设过程中，筑桩是不可忽略的部分。要想筑桩效果得到保障，那么在桩基础施工阶段要规范化地展开进桩操作，并推行增加压力的方式，促使压桩符合预期规划施工方案的要求。在展开压桩操作期间，桩身和每层土体之间的土层紧实度要符合限定要求，只有这样，才能形成对应的土体抗剪力。在展开桩基础施工过程中，必定释放一定量的进桩阻力，所以在进桩下压时间段内，要确保其始终处于匀速状态，并且进桩方向还要与桩基完全相同，最大限度地避免钢筋和部分预留孔桩。桩基础不仅要与基础表面保持适当的距离，还要预留相适应的空隙，以满足压桩阶段的缓冲。在预制桩压桩施工过程中，要注意以下问题：(1) 在混凝土整个浇筑过程中，不管是混凝土的黏合度，还是混凝土浇筑质量都要与规范标准要求相符。(2) 合理展开混凝土检验工作，在混凝土检验达到相关要求以后，才能再展开后期的混凝土浇筑工作。

2. 补桩和纠偏

在整个桩基础展开施工过程中，不管是补桩还是纠偏都是很重要的部分，其可以确保桩基础施工质量达到土木工程建设要求。所谓补桩，就是前期打桩过程中，与规范标准要求存在差异性，然后按照规定对桩基础进行适当性修复处理。补桩从某种意义上而言是一种压力式作业，而压力是来自地下室和承台结构承受的静压力。桩基础施工效果与施工操作、机械设备运行情况有着紧密性的联系。如果桩基础施工效果与预期规划方案不同时，则要对桩基础展开针对性和必要性的纠偏处理。纠偏服务通常是针对存在偏斜类的桩基础，纠偏不仅能避免桩基础在后期呈现断裂现象，还能使偏离规定的桩基础得到纠偏操作。另外，要想桩基础的稳定性能得到进一步加强，则要对承台展开适当性的扩大处理，这样有利于提升桩基的重力。更为重要的是，该种方式还能使桩基承台平面压力偏小，而致使桩基础工程施工期间存在多种多样的问题得到弥补，也能强化桩基础的承载力，使得桩基础承载力能符合相关规范标准的要求。

(四) 土木工程施工中桩基础施工的注意事项

1. 控制桩基础的荷载量

在展开桩基础施工期间，施工人员需要对桩基础的荷载量展开有效控制。如果桩基础的荷载量并未得到妥善的控制，那么桩基础在后续使用期间，极有可能造成桩基础出现超荷载的现象，使桩基础发生沉降方面的问题，从而对土木工程施工的有序推进造成影响。为确保桩基础的荷载量得到有效控制，那么则要做好有关方面的设计工作，特别是桩基础部位和数量的设计工作，以此作为前提条件，然后施工人员选取相宜的桩基础施工技术，这样不但能使桩基础的荷载量得到有效控制，而且能确保桩基础施工具有科学性和合理性。

2. 分析施工现场土质条件

在展开桩基础施工期间，不仅要将焦点投放在桩基础的荷载量控制方面，也要对施工现场的土质条件展开综合性分析，而且土质分析该项工作，要在桩基础施工设计工作展开以前。因为只有对工程施工现场土质展开全面性勘察，并对勘察结果展开事无巨细的分析，才能对工程施工区域的土壤渗透性和含水量等相关信息有充分的了解和掌握，然后选取相宜的桩基础类型，继而确保桩基础的承载力能达到相关规范标准要求，且有效预防桩基础施工期间出现各种风险。

3. 选取相宜的成桩工艺和桩型

其一，土木工程在展开施工期间，需要考虑以下几方面的问题：(1) 结构的基本类型；(2) 荷载的性质；(3) 桩的使用功能；(4) 土木工程的安全等级等。其二，土木工程施工现场则要考量以下几点：(1) 施工区域的地形条件；(2) 施工区域的地质条件；(3) 施工区域的水文条件等。其三，施工技术方面则要考量以下几个问题，分别是施工团队的综合素质、机械设备的水平、施工的经验等，这样才能选取最佳的桩型和成桩工艺。

4. 加强施工材料和设备控制

在土木工程展开相关施工期间，不仅对施工技术有比较高的要求，对施工材料和设备也有很高的要求，所以土木工程施工中使用的施工材料和设备必须与工程建设要求相符。每项工程施工的地点通常会不相同，其在地质条件和其他因素共同的影响下，对施工材料和设备及施工技术的要求也会有所不同。例如，在使用钻孔技术期间，与工程实际情况相结合，则能确保工程施工有序推进。在土木工程施工期间使用到的施工材料和机械设备，工程企业要分配专业的人员来负责采购，且在采购期间要选取与工程施工相符的施工材料和机械设备。在施工材料和机械设备进场以前，有关技术人员要对施工材料和机械设备展开质检，主要是检查施工材料的质量，施工机械设备的性能和功能，保证工程施工材料和机械设备没有任何问题，从而使土木工程施工期间不会因为施工材料和机械设备的缘故，而致使土木工程施工中存在安全和质量的问题。在土木工程施工过程中，施工管理人员要安排专业人员对施工机械设备做好维护和检修处理，确保在土木工程施工中机械设备不会存在故障方面的问题，同时施工人员的安全能得到保障，工程施工工序也能顺利推进。就常规情况来讲，土木工程从最初的筹划到工程竣工需要很长一段时间，在此过程中，无论施工材料，还是机械设备都要将其存放在规定的地点，及分配专业人员展开管理，降低由于恶劣天气和环境方面的问题，对土木工程施工造成不良的影响，导致土木工程施工质量和效率无法得到保障，甚至延长了土木工程施工周期。由此可见，加强工程施工材料和机械设备的控制，对土木工程施工进度按照规划方案展开有着非常重要的意义。

5. 提升施工人员的素质

土木工程施工流程要想做到按部就班地推进，需要相关工作人员的携手合作。与此同时，施工人员的素质也非常重要，其能对土木工程各个方面造成不同程度的影响。第一，在桩基础施工期间，施工人员有着非常重要的作用，其不仅要准确地控制桩身位置，还要确保桩基在正确的位置。与此同时，还要控制桩基垂直的高度，其中每项施工操作都要保证不会出现任何偏差，因为其与整个土木工程施工进度和质量有着直接的联系。第二，桩身的钢筋和混凝土控制也是很重要的部分，其能对桩身的承重起到关键性的作用。由此可知，桩基础施工中的每项工作都与整个工程有着密不可分的关联。因此，桩基础施工中的每个步骤，相关施工人员都要认真对待，以便保证桩基础施工的精确性。

总而言之，在整个桩基础施工期间，需要有关技术人员的积极参与，以保证桩基础施工顺利推进。由此可知，提升相关技术人员的素质至关重要，不管是对土木工程按照施工规划方案展开，还是对土木工程适用性和经济价值的提升，都有极为重要的意义。而相关技术人员则要根据时代发展提升自身的综合素质，使土木工程施工流程能规范化和秩序化展开，进而促使土木工程施工的安全性能得到保障。

综上所述，在土木工程施工期间，桩基础是非常重要的部分，对土木工程施工质量和稳定性都有重要影响。因此，工程企业在展开桩基础施工期间，不仅要充分了解和掌握桩基础施工中使用到的每项施工技术，还要强化桩基础施工过程中的控制，以便确保桩基础施工能高效化完成，进而为后续土木工程有序推进奠定良好的基础条件，提升土木工程施工质量。

二、桩基础工程的测量

在建筑项目中通常使用的深层基础施工技术是桩基础施工。在施工过程中，桩的类型不同，因此需要进行施工测量。在测量工作中，桩基础测量基础工程工作，工程设计和项目施工应在设计图纸中明确基础建筑物桩的位置，并在拟建区域的地面上标出桩基础施工。在测量桩基施工时，应进行实时监测，施工后应检查工程质量，并进行桩基完工测量，主要测量内容和测量方法有必要从实际分析的角度研究和分析桩基施工的测量方法。

（一）工程测量概述

1. 工程测量的基本概念

工程勘测主要是指桩基工程设计，施工和管理中勘察工作的基本理论，技术和方法的统称，属于提供现代工程建设的领域。工程勘测分为两类，主要基于项目的建设时间，另一类基于服务的类型。

2. 测量工作

（1）提供现场施工标志。任何桩基项目的现场施工的第一步是进行现场测量技术工作，将施工设计图与实际工作条件结合起来，并根据施工各个方面的要求和标准准确地进行设置。建筑物基础桩在拟议建筑面积中的位置。完成此操作后，可以确保后续桩基础施工的顺利进行。

（2）桩基的后续检查。铺设桩位方便为项目现场的施工提供基础，并为后续的施工监测工作提供重要的指标。

（3）施工结束后的验收指标。桩基施工完成后，要严格测量桩基，严密检查桩基与设计桩位置的偏差。在确认检查结果符合标准后，可以进入下一个测量和构建阶段。

3. 技术标准

在建造桩基时，设计者和建造者还必须要求建筑物的尺寸精度和偏差，通常以实际长度与设计长度之比来衡量。桩基础的轴线与桩的位置主轴之间的差，或桩基础的主轴与周围建筑物的位置之间的差。

（二）桩基工程测量的两个主要任务

（1）根据设计和施工要求，在拟建区域的总体设计方案中准确测量建筑物基础桩的位置，并为桩基础工程的施工打分。

（2）对桩基工程进行监测。

（3）桩基施工完成后，有必要进行桩基完工测量，以检查施工质量并为岩土工程项目的施工提供桩基数据。

（三）土木工程桩基施工调查技术要求

设计和施工单位对建筑项目尺寸精度的要求不是基于测量误差，而是基于实际长度与设计长度之比的误差。长度尺寸精度要求有两种：一是建筑物轮廓主轴相对于周围建筑物的位置的精度，即新建筑物的位置精度。二是建筑物桩定位轴和主轴的相对定位精度。

（四）桩基施工调查质量控制点

1. 桩位置偏移问题

在桩基础施工中，桩位置偏移问题主要是指桩顶部中心点相对桩的水平桩位置轴和垂直桩位置轴的位移。桩的类型不同，桩的位置偏移如下：有所不同，但通常需要将偏移值限制在一定的数值范围内。通常桩顶部的高度差相对较小。在测量过程中，偏移值可以通过拉线法确定，必须在原始水平或恢复水平之间的引导点处拉桩。对于细尼龙绳，从桩顶中心到尼龙绳的垂直距离应以平方测量，测量数据为桩位置偏移量。有必要在附图中不仅要指示文件位置的偏移，而且还要指示偏移的主方向。一些桩顶的高度变化很大。在偏移量测量中，应在图纸上标明桩的偏移方向，以进行数值统计和分析，并确保桩基工程的施工测量质量。

2. 单桩竖向静载荷

桩基工程施工测量工作完成后，沉降程度受桩基工程荷载的影响，在这种情况下，可以通过试验研究表来分析单个竖向静荷载。桩和桩基础工程施工桩使用的桩材料类型不同，材料强度也不同，因此，实际施工中出现的荷载力和变形特性也不同。在工程测量中，必须首先确定单桩的垂直静载荷能力。在载荷试验中，有必要分析单桩承载力设计是否满足工程标准的要求。技术参数可以参考《建筑桩基技术规范》。测量员可以确定施工现场单桩的垂直极限静载荷的标准值，并且必须确保在相同实验条件下测试的单桩数量至少为 1。实验中测得的单桩数量应大于或等于 3。只有这样，实验参数才有效，才能验证单桩的垂直静载荷强度，确保对桩基础施工的测量进行有效的质量控制。

3. 完工计量

在整个施工阶段进行桩基施工调查。通常，测量数据必须从建筑驾驶室中桩的位置的测量值转换而来。当桩帽测量完成后，通常是小木桩，该桩的桩位主要用于标记桩位，这时有必要在桩位周围均匀分布一圈白灰，以利于桩的施工。实际测量距离与桩帽的设计长度之间的误差在 2 cm 之内，而实际测量距离与相邻桩帽的设计长度之间的误差在 3 cm 之内。它可以有效地管理桩基，并确保项目完工测量的质量。在建设项目施工验收阶段进行的测量称为完工测量。通常，这是了解施工情况并为后续工程施工过程测量单个项目的部分完成情况奠定基础的样本。完整性测量工作应按建筑部门划分，并逐步进行，并且需要在测量实践中相互配合。数据比较分析检查质量和进度。全面控制桩基础项目的施工问题和总体施工措施。完成的测量结果应通过剖面图、分类图、详细的坐标图、竣工的总平面图和高程表集中显示，以实现桩基础施工完工测量的全面质量控制。

（五）工程测量发展前景

借助多传感器集成系统，测量机器人将在人工智能领域进一步发展，应用范围将得到扩展，图形、图像和数据处理的应用能力将进一步增强。

开发用于转换观测数据处理和大规模工程建设的基础知识信息系统。它进一步与地球物理、大地测量学、土木工程、工程学和水文地质学等学科相集成，以应对工程建设过程中的各种挑战，如防灾、环境保护和安全监控。

工程测量的发展范围从土木工程测量和三维工业测量到人体科学测量，如人体特定部位或器官的显微测量以及显微图像处理。

多传感器混合测量将实现广泛的应用和快速发展，如电子全站仪，GPS 接收器和测量机器人的集成，它们可以在没有控制网络的情况下在广阔的地区进行测量。

CIS 和 GPS 技术与工程项目紧密集成，在工程测量与设计与施工管理的集成中发挥着重要作用。

大型复杂结构、几何重构、设备三维测量和质量控制将是未来工程测量发展的重要特征。

综上所述，通过对各种问题的分析和处理，有助于提高桩基工程测量的效率和质量，实现丰富的测量结果的科学应用，促进工程应用过程中良好的结构性能。因此，在今后提高桩基工程施工水平和优化测量方法的过程中，应注意对存在的问题进行科学处理，进而发挥工程测量的应用优势，实现对桩基础的高效利用。

三、桩基础工程质量事故处理

近些年来，随着国民经济的持续增长和科学技术水平的不断提高，建筑业迅速发展。在建设速度和工程质量上都较以前有了较大的提高。但是，我们不得不承认仍然存在很多工程质量问题。特别是随着建筑用地资源的日益紧张，许多高层建筑拔地而起，而高层建筑质量的好坏在很大程度上取决于桩基础的质量，并且桩基础工程属于地下隐蔽工程，按照目前我国掌握的检测手段，在施工完毕后很难检测出工程质量问题。因此，从设计和施工过程中，对桩基础工程可能出现的质量问题进行研究是十分必要的。

（一）各类桩基础工程施工中常见的质量问题及原因分析

1. 管桩

目前，国内普遍使用管桩是预应力钢筋混凝土管桩，从整体来看，所用管桩的质量还是比较好的，至今未出现过重大的质量事故。但是，在施工过程当中，由于受桩本身质量、场地地质条件、设计及业主管理等各种因素的影响，也多次出现过管桩桩身破裂、倾斜、承载力偏低、沉降量过大等质量问题。

（1）管桩的工程质量问题。

总体来说，管桩的工程质量问题包括以下几个方面：①桩位及桩身倾斜过大，超过规范要求；②桩身（包括桩尖和接头）破损断裂；③桩端达不到设计持力层；④单桩承载力达不到设计要求；⑤基坑开挖不当，引起大面积群桩倾斜；⑥桩身上浮等。

（2）原因分析。

①是工程勘察阶段工作出现问题，主要包括以下几点：a. 勘察点太少。对于地质复杂多变的地区勘察点要在规范基础上适当加密。有些建设单位为了节省勘察费用而减少必要的勘察点，结果导致打桩施工时的更大浪费甚至失败。b. 标贯次数少，在遇到砂隔层、软弱下卧层、残积层及强风化岩层时要多做几次标贯试验，有利于配桩和打桩收锤。c. 勘察中弄虚作假。没经过勘察就得出错误的报告，而设计人员根据这些报告定管桩的持力层，必然出现错误。d. 提供的岩土力学指标不符合实际。勘察人员不专业，规范也没有详细规定。e. 标贯本身的缺陷。目前，我国的现场标贯试验几乎全是在水冲成孔法基础上进行的，但有些特种土层遇水后立即软化，现场测得的贯入击数比实际偏低许多，根据这样的标贯击数来判断管桩的可打性，有时会出现差错。

②设计者不了解不宜应用预应力管桩的地质条件而设计应用预应力管桩。主要有以下四种地质条件不宜用预应力管桩：a. 孤石和障碍物多的地层；b. 有坚硬隔层时；c. 石灰岩地区；d. 从松软突变到特别坚硬的地层不宜采用。

2. 振动灌注桩

振动灌注桩主要包括机械振动灌注桩和锤击灌注高桩。其中，机械振动灌注桩因其适用性较强，桩径选择灵活等优势得到广泛应用。

（1）常见质量问题。

①振动灌注桩容易发生桩身缩颈。即桩成形后，桩身的局部直径小于设计要求。这种想象多发于地下水位以下上层滞水层或饱和的黏性土中。

②断桩。即桩身局部分离或中间有一段无混凝土。

③孔口土坍入桩孔顶。

④由于地下有未知的枯井、溶洞、下水道等洞穴引起的，混凝土用量过大。

（2）原因分析。

①如前所述，地质勘查工作不到位，不能了解真实的地下岩层分布情况，未能探明地下洞穴的存在。

②施工过程出现问题。套管打入后拔出速度太快，套管中的混凝土未留出，孔周围的土体回缩，引起断桩。此外，套管拔出速度过快，还会引起由于混凝土强度过低导致的桩身缩颈现象。

3. 钻孔灌注桩

（1）工程质量问题。

①有孔底积存虚土超出标准；

②成型孔的垂直度不符合要求。

（2）原因分析。

①成孔后未及时浇灌混凝土，孔壁长时间暴露水分蒸发使土体脱落，或放钢筋笼时，将孔口、孔壁的土碰入孔内，混凝土浇灌前未清理。

②人工挖孔桩主要适用于土质较好，地下水较少的黏土、亚黏土、含少量砂砾石的黏土层。由于土质原因或个人素质原因，可能会引起成型孔的垂直度不符合规范要求。

（二）结合案例分析总结桩基础工程事故的处理办法

1. 案例分析

（1）案例一。

某静压桩工程，采用准 500-125A 管桩，单桩承载力特征值 $R=2\ 000$ kN。场区为石灰岩地区，岩面起伏不大，埋深 20～30 m。试压桩时，2/3 的管桩加压到 3 600 kN 时桩身下部发生崩裂。

针对这一工程事故，专家给出四点建议：①降低单桩设计承载力，取 R＝1 600～1 700 kN；②终压力不要超过 3 600 kN；③改准 500－125A 型管桩为 AB 型桩，以提高桩身抗弯能力；④改十字形钢桩尖为工字钢多齿形桩尖，以增强桩尖的嵌岩能力。设计采纳了这些建议，此工程得以顺利完成。

（2）案例二。

某基础工程，采用准 500－125 管桩，布桩是两排四根的 8 柱承台，桩最小间距为 1 500 mm，地质情况是（从上到下）：2 m 的耕填土，5 m 的淤泥，以下是 N＝50～60 m 的强风化岩层，管桩顶部基本与地面平，桩尖入强风化岩 2 m 左右，桩长约 9 m。

该工程承台基础开挖时，用挖土机挖了 2 m 左右，管桩就折断，断口在淤泥与强风化岩的交界处。业主说是管桩质量有问题。后经过计算，管桩厂的工程师认为是淤泥上部 2 m 土体推力引起软硬交界处的附加弯矩大于管桩极限弯矩所引起的。之后，将其他承台 8 根管桩用角钢连成一个整体，再进行挖土时，就没有发现管桩桩身断裂的问题。

（3）案例三。

工程为四栋 15～19 层的高层住宅，布准 500－125 管桩 680 根，用 D62 柴油锤施打，桩入土深度大部分超过 30 m，入土最浅的为 25 m，最深的超过 40 m。该工地的地质条件属于“上软下硬、软硬突变”不利于锤击法施工的地质条件，经验不足的打桩队很容易出现打桩质量问题。54 根桩的高应变检测结果显示，有 8 根为Ⅲ类桩，6 根为Ⅳ类桩，Ⅲ、Ⅳ类桩占所测桩总数的 25.7%，为此各方提出了不同的处理方案。

湖北省土木建筑学会专家组通过多方研究讨论提出建议：用高出单桩承载力两倍的荷载对每根单桩进行复压。压桩机随时待命，如有异常状况出现，立即进行补桩。对于本工程来说，有两个阻碍负压计划实施的难点：①场地地面软弱，600 t 重的压桩机进入场地后肯定会发生陷机；②送桩太深，复压时找顶头很困难。据统计，680 根桩桩顶凸出地面的只有 14 根，仅占总桩数的 5%；送桩深度 1～2 m 的有 237 根，占 35%；送桩深度 2～4 m 的有 383 根，占 56%；送桩深度 4 m 以上的有 26 根，占 4%。为此，在复压前采取了两个措施：①将整个地面去掉 2.5 m 左右的土，然后将高出地面的桩头截去。这样，送桩 2～4 m 的桩，桩头就容易找到；②在取土地面上回填 50～70 cm 厚的建筑垃圾（主要为拆房的碎砖），并按 10～12 m 间距在场地四周布设 8 m 深的降水井，降水后，地表土很快固结，600 t 重的压桩机行走就不会发生陷机。这样，复压和补桩工作不到一个月就完成了。最后，随机抽出 35 根复压桩做大应变检测，均满足设计要求。

2. 事故处理方法总结

（1）设计补强。

当出现问题需要设计补强时，首先要搞清楚实际状况，是哪里需要补，补多少合适，哪里不需要补。然后才能根据实际情况采取相应的措施补强。不能盲目地补，既费时又费力。

（2）单桩承载力方面。

①管桩的竖向承载力按现行规范公式计算普遍偏低。对于入土深度 40 m 以上的超长管桩，采用现行规范提供的设计参数，求得的承载力较高，但对于一些 10～20 m 的中短桩，在特殊地质条件下，特别是像广州开发区那样的地质，强风化岩层顶面埋深约 20 m，地面以下 16～17 m 都是淤泥质土，只有下部 2～3 m 才是硬塑土层，这种桩尖进入强风化岩 1～3 m 的管桩，按现行规范提供的设计参数计算，承载力远远偏小，有时计算值要比现在实际应用值小一半左右。

②桩间距大小会影响管桩的设计质量。为减少打桩时对邻近各桩的影响，在桩的布置过程中要遵循相关设计规范，满足最小中心距。JGJ94－94《建筑桩基技术规范》规定，挤土预制桩排数超过三排（含三排）且桩数超过 9 根（含 9 根）的摩擦性桩基，桩的最小中心距为 3.5 d，其他情况下为 3.0 d。当今，高层建筑的桩基础中广泛采用管桩群，有时一个大承台就用 200 余根管桩。如果此时的桩间距仍然按照规范规定设置为 3.5 d 或者 3.0 d，则会出现明显的土体上涌现象，这不仅影响桩的承载力，还可能将薄弱的管桩接头拉脱。因此，对于高层建筑主楼的管桩基础，最小桩间距应为 4.0 d，有条件时采用 4.5 d，这样挤土现象可大大减少。

在桩基础施工中，存在各种各样可预见的和不可预见的问题。我们能做的是控制可以预见的问题，随时准备应对不可预见的问题。在桩基础施工过程中，出现质量事故不要慌，要认真分析原因，多方面考虑总结，采取最佳的解决方案。

第三节 钢筋混凝土结构工程

一、钢筋混凝土结构工程施工

钢筋混凝土结构是目前土木工程中最为常见的施工技术之一，这种施工技术的应用，能够在较大程度上提高建筑的稳定性和整体质量，但由于其施工流程具有一定的复杂性，在进行实际施工的过程中，会由于建筑材料等各方面的因素，对施工质量产生一定的影响，这就需要对此施工技术的要点进行分析和控制，以此保证钢筋混凝土施工技术能够达到相应的效果。

（一）钢筋混凝土施工技术的主要特点

1. 复杂性

在土木工程当中利用钢筋混凝土施工技术进行施工的过程中，其流程具有一定的复杂性，其主要原因是施工过程中影响施工质量的因素较多，所以需要对其中各个施工环节进行控制，一般情况下体现在这几个环节：钢筋的加工和安装、混凝土的搅拌、混凝土的浇筑、模板的制作安装和拆除，混凝土的养护等，并且在这几个环节中，还需要结合实际土木工程特点，来对其材料的规格和质量进行把握。另外，在实际施工过程中，可能会由于工作面位置的影响，导致施工的整体顺序发生一定的改变，这也体现了钢筋混凝土施工技术中的复杂性。

2. 钢筋混凝土结构的易损性

易损性主要指的是在实际的钢筋混凝土结构施工中，由于各个方面因素的影响，产生相应的质量问题，一般情况下，这样的质量问题主要体现在混凝土表面的裂缝等，产生这样问题的主要原因在于混凝土原材料和混凝土的施工流程，在这些因素的影响下，钢筋混凝土结构会从不同方面表现出破损的现象，针对这样的情况，需要在实际施工中对各种施工原材料进行把握，并且对施工现象的环境温度进行控制，以此来保证建筑施工的整体质量。

3. 钢筋混凝土结构的异变性

所谓的异变性指的是施工当中由于荷载过大，而使建筑整体结构产生一定的弯曲和变形，这样的异变性主要体现在钢筋混凝土的模板施工当中，在这样的施工过程中，需要混凝土结构和临时性承载系统来对施工产生的所有荷载进行承担。另外，也可能由于模板的整体承重能力没有达到混凝土浇筑的实际要求，从而导致模板施工出现一定的问题。在施工程度的变化和调整当中，由于作业面不同，施工技术和施工材料的选择也会发生相应的变化，而相应的混凝土结构体系承载能力也会随着施工工序的变化而变化，从而导致钢筋混凝土结构的异变性。

4. 混凝土碳化

混凝土碳化主要指的是由于施工现象环境的影响，潮湿空气二氧化碳侵入混凝土内，氢氧化钙物质发生化学反应后，会生成碳酸钙和水，这一过程被称为混凝土碳化。混凝土碳化不仅会引起混凝土收缩，使混凝土表面产生细微的裂缝，还会导致混凝土的碱度降低，减弱混凝土对钢筋的保护作用。

（二）土木工程钢筋混凝土施工技术的实际应用

1. 钢筋绑扎施工技术

钢筋混凝土施工技术主要包括钢筋施工和混凝土施工，而钢筋绑扎施工技术则是钢筋施工中的主要技术。在进行钢筋绑扎之前，需要对钢筋的整体质量进行严格检查，并且根据实际的施工设计和土木工程的实际结构，对钢筋的规格进行合理选择，以此提高钢筋施工的整体质量。在实际的钢筋绑扎过程中，需要对以下几个方面的问题进行注意：首先，搭接长度末端与钢筋弯折处之间的距离应在钢筋直径的十倍以上，且接头不应落在构件的最大弯矩位置；其次，根据钢筋强度等级的不同，在受拉区域当中，弯钩处的钢筋选择和实际施工标准需要协调；最后，受拉钢筋绑扎的长度和受力钢筋的混凝土保护厚度，需要与施工设计图保持一致，在对钢筋进行绑扎之前，需要根据施工设计图来对弹线位置进行确定，并且按照实际的绑扎要求来进行施工操作，这样能够在一定程度上对施工质量进行控制。

2. 模板工程施工技术

模板施工技术是钢筋混凝土施工当中的主要技术之一，在这样的施工环节中，需要结合建筑的整体结构和实际的施工标准完成模板的安装。在进行施工之前，需要设计人员和施工人员对配板进行设计，对其放样图进行规划，而施工人员则需要根据这样的施工图纸，来对模板安装的位置进行确定。在进行模板安装之前，需要保证模板表面的整体平整程度，并且对模板的整体承重能力进行试验，保证模板的整体质量符合相应的混凝土施工要求，防止模板结构受到一定的影响。

另外，在对模板进行实际安装的过程中，需要将模板之间的缝隙进行严格控制，在必要的情况下，可以在墙、柱等位置加设垫木和导模，以此防止混凝土漏浆现象的出现。当模板就位的情况下，绑扎好的钢筋可能会对模板的表面造成一定的损伤，这就需要施工人员结合施工现象的实际情况，来对模板进行固定。模板的拆除也是模板工程施工技术中的重要组成部分，在对模板进行拆除的过程中，需要根据混凝土的凝固程度来决定模板的拆除施工工作，这样能够提高模板拆除工作的整体效率，同时还能保证模板工程结构的完整性。

3. 混凝土施工技术

在进行混凝土施工之前，需要施工人员对其质量进行严格检查，首先需要对生产厂家的出场合格证和品质试验报告进行检查，同时也需要对其进行相应的试验。在对混凝土进行摆放的过程中，需要根据其强度等级进行区分，其中的各种原材料必须在经过检验合格之后才能进行使用，另外，需要利用试验对最佳配合比进行确定，应对各种砂石及原材料进行合理选择，并保证原材料质量，建立有效的混凝土防水体系，保证具有良好的性能。在实际混凝土施工过程中，施工人员根据建筑施工的实际情况对浇筑顺序进行安排，并且结合水利工程的主体来对混凝土的浇筑方法进行确定，在实际浇筑的过程中，需要注意对其进行全面的振捣，以此来保证混凝土的密实程度。混凝土的养护是混凝土施工中较为重要的一个环节，合理的养护技术能够防止混凝土中裂缝的出现，在对混凝土进行养护的过程中，需要根据施工当时的条件和温度来进行，对于温差较大的施工环境，需要施工人员对天气情况进行及时掌握，并且根据实际情况采取相应的养护技术。

钢筋混凝土施工技术是目前土木工程中最为常用的施工技术之一，在实际的应用过程中，具有复杂性、异变性和结构易损性的特征，结合这些特点，需要对钢筋混凝土的施工顺序进行严格控制，并且结合建筑的实际结构情况和施工设计图来进行施工操作。另外，为了进一步提升钢筋混凝土结构土木工程施工技术的整体质量，需要对其中的各个环节进行控制，其中不仅需要施工人员对建筑材料的质量进行保证，并且需要对其中最为重要的混凝土施工环节进行把握，最后是保证整体施工人员具有较高程度的专业素质，在这样的情况下，才能确保钢筋混凝土施工的整体质量。

二、钢筋混凝土结构工程的质量控制

众所周知，在土木工程中，钢筋混凝土结构已经不再是一个前卫的话题，它的出现无疑是建筑业一次划时代的革命，它的应用涉及人们生活的每个角落。尽管，钢筋混凝土结构的出现只有一个半世纪的历史，它与石、砖、木、钢结构相比是相当年轻的，但在这短短的一个半世纪内，作为一种非常有用的建筑材料，在现代建筑的主体结构中，所占比重越来越大，在建筑的各个领域都取得了飞速的发展。大量应用的同时带来许多值得关注的问题，我们在这里从质量控制来入手，阐述一下施工中的钢筋混凝土结构工程。

首先，从钢筋混凝土结构的力学性能和组成来说，钢筋混凝土结构的耐久性、耐火性、刚性和可模性好。由于钢筋混凝土结构是由混凝土和钢筋两种力学性能相差很大的材料所组成，混凝土具有和天然石料相同的特点，其抗压能力很强而抗拉能力很弱，钢筋具有能抵抗各种作用而不会引起破坏和不超过容许变形的能力，钢筋混凝土结构合理利用了两种不同受力性能材料的强度，互相补充，共同工作。

其次，在结构设计中，设计者要了解钢材的力学性能及性能指标，合理选择钢材以满足结构设计的基本要求。因为钢筋在受力过程中有 4 个阶段：即弹性阶段、屈服阶段、强化阶段和颈缩阶段，要选择的钢筋强度、弹性、塑性、韧性必须符合要求，最大限度地做到安全可靠、经济合理。

最后，在施工过程中，还需特别注意的问题是钢筋的规格、数量、在混凝土中的位置、接头和混凝土的质量。在施工中推行全面质量管理和质量体系标准，认真落实逐级负责制，做到各尽其职，质量实行自控、互控、他控的“三控”体系，在施工的全过程中对质量进行控制，尤其对施工过程中的关键环节进行质量控制。下面就让我们从部分环节中来简要了解。

（一）钢筋工程在施工中的质量控制

材料的质量和性能是直接影响工程质量的主要因素，钢筋出厂时应有出厂合格证及试验报告单，运至工地应按规格品种分别堆放，并按规定进行钢筋的机械试验，除做钢筋机械试验外，还做化学成分分析，且对外观进行检查，结果合格后才能使用。钢筋在混凝土中的粘接锚固作用有化学胶着力，即混凝土在凝结过程中，水泥胶体与钢筋产生吸附胶着作用；摩擦力；机械咬合力；机械锚固力由钢筋锚固长度、搭接长度、钢筋的弯钩等措施来保证。在现场钢筋加工棚内制作，制作好的钢筋应堆放整齐，并挂牌标识。

1. 对钢筋在混凝土中的位置进行提前控制

施工过程中普遍存在不认真做垫块或用石子做垫块的通病，板和梁底的保护层，用片状石子代替水泥砂浆垫块。各构件各部位应做带有铅丝的 1∶2 水泥砂浆预制垫块，绑在钢筋上，用于确保混凝土保护层。而重要结构如现浇阴阳台、挑檐、雨篷等，禁止在绑扎钢筋时和浇注混凝土时钢筋被踩踏位置下移，或者没有把钢筋提到应有的高度，结构承受负弯矩的能力减弱，致使沿负弯矩最大处产生裂缝，甚至折断，规范的混凝土保护层，可以保证钢筋与其周围混凝土共同工作，并使钢筋充分发挥计算所需的强度。墙、柱的插筋留置不当，在墙、柱弹线支模时，问题就会暴露出来，甚至钢筋偏移到模板以外，就会造成严重质量问题，因此，必须用木框或埋设牢固的十字轴线点控制插筋，施工时，在井桩的两个方向刻有十字线或小木桩上钉有小钉，插筋时把拉线对准十字线，用这样的方法来预控插筋位置、方向、垂直度。底层墙柱钢筋伸出上层楼面，往往会发生钢筋位置偏移，最有效的途径是把柱箍筋和横筋多绑几道，浇注混凝土时，应按轴线检查钢筋位置，进行必要的纠正和固定。

2. 要严格控制钢筋接头的位置和质量

钢筋的接头，用绑扎接头，既浪费钢筋，又不易保证质量。施工时必须按规范规定，保证搭接长度和绑扎质量，光圆钢筋必须按规范在端头进行弯钩。

焊接接头如对焊、电弧焊、电渣压力焊、气压焊等。焊接不仅质量好，而且可以节省钢筋，降低成本。但是焊接接头的质量控制较复杂，施焊人员的上岗证件、技术水平、焊机的功率和完好程度，施焊的技术参数的掌握，电弧焊的焊条型号、规格都必须满足有关规范规定。而锥螺纹、直螺纹套筒连接方法具有接头可靠、操作简单、不用电源、全天候施工、对中性好、施工进度快等优点，因此，施工中宜优先采用套筒连接方法。

（二）混凝土工程在钢筋混凝土结构工程的重要性

在钢筋混凝土结构中，混凝土和钢筋同等重要，混凝土不仅与钢筋同时受力，而且保护钢筋不腐蚀生锈，所以钢筋混凝土的耐久性在很大程度上取决于混凝土的耐久性。混凝土是以胶凝材料、水、细骨料、粗骨料，需要时掺入外加剂和矿物混合材料，按适当比例配合经过均匀拌制，密实成型及养护而成的人工石材。

首先，从材料的质量进行控制。混凝土的强度受组成混凝土基本材料的性能影响，与水泥、骨料的品种、级配、配合比等有关，同时还受制作方法、养护环境的温度和湿度影响。混凝土的受压破坏是内部微裂缝扩展的结果，若能对混凝土的横向变形加以约束，使内部微裂缝不能自由发展，箍筋就是起到这样的作用。

水泥的质量是保证混凝土质量的前提，水泥是一种无机粉状水硬性胶凝材料，水泥加水搅拌后成塑性浆体，能在空气和水中硬化，并能把砂石等材料牢固地胶结在一起，具有一定的强度。水泥的安定性是保证混凝土质量的关键，水泥进场后，在取得产品合格证的同时，还必须进行复试，复试合格后方可使用。砂石应进行颗粒级配、含泥量检验，配置混凝土时宜优先选用Ⅱ区沙，石子要用连续粒级，大于等于C30混凝土时，砂含泥量不大于3%，砂坚固性的重量损失率应小于10%，石子含泥量不大于1%，石坚固性的重量损失率应小于12%。为了资源的合理利用和环境保护，在混凝土配合比中，可以掺入水泥用量的5%～20%的矿物质来降低水泥用量，以改善混凝土和易性、降低水化热等。禁止石子粒径偏大，风化石、软石、片状石较多的材料进入施工现场。为保证现场混凝土准确含水量，故应按现场砂、石的实际含水量的调整。根据试验资料表明，如水灰比每增加0.05，混凝土强度要降低10 MPa，搅拌时间过短，则混凝土不均匀、标号及和易性降低，但搅拌时间不得超过规定时间的三倍，混凝土在运输过程中，应保持混凝土的均匀性，避免产生严重的离析现象。

其次，施工过程中对混凝土的质量也要严格控制。对重要结构采用商品混凝土浇筑，泵送混凝土前应先给泵送水，清洗管道，再用1∶1水泥砂浆润滑管壁，泵送开始后，应保持泵送连续工作，混凝土泵受料斗内的混凝土应保持充满状态，以免吸入空气形成堵管，在运输中，应防止剧烈颠簸，浇注时混凝土自由下落高度不宜超过2 m，否则应用吊桶、斜槽等下料，防止混凝土产生离析现象。

混凝土严格按配合比及混凝土工程规范要求及操作工艺标准组织施工，严格按图纸规定的强度等级提前做好原材料的选定，并抽样送试验室选配合比。混凝土配合比，必须根据原材料的条件，经过试验室科学的设计试配，提出最佳配合比，在搅拌混凝土时，后台计量一定要准确，水泥、砂、石也都必须每盘过磅。梁柱节点钢筋密集处浇筑混凝土时应加强振捣，确保密实。柱子混凝土浇筑时严禁使用吊斗直接入模，采用专用串筒，严格控制上标高，以免超高。

施工缝留置，施工缝宜留置在结构受剪力较小且便于施工的部位，在施工缝处继续浇注混凝土时，应先清除混凝土表面析出的物质及松动的石子，浇水冲洗，以保证接缝处混凝土密实平整，再铺一层与混凝土砂浆成分相同的砂浆，然后再浇注新混凝土。

混凝土试块的留置问题，混凝土试块是混凝土强度是否达到质量标准的证明。在取样时一定要严格按照见证取样制度，取样方法、留置组数、养护等都必须严格遵守规范规定。做好对混凝土的养护工作，这个问题关系到混凝土的强度问题，在浇注后的早期，是混凝土硬化发展较快且最为关键的时期，混凝土如在炎热气候下浇注，又不及时洒水养护，会使混凝土中的水分蒸发过快，出现脱水现象，使已形成凝胶状态的水泥颗粒不能充分水化，不能转化为稳定的结晶而失去黏结力，混凝土表面就出现片状或粉状脱落，还会因收缩变形而出现干缩裂缝，降低了混凝土的强度，影响混凝土的整体性和耐久性，自然养护通常在混凝土浇筑完毕后 12 h 内开始（或在混凝土终凝后），在混凝土的裸露表面应覆盖吸水能力强的材料（麻袋、草席等），初期用喷壶洒水，2 d 之后用胶管浇水，洒水次数应以保证覆盖物经常保持湿润为度。墙面及楼盖下面等部位难以覆盖处，应增加浇水次数，竖向构件采用塑料薄膜养护。加强养护、减少水灰比，加强振捣是减少混凝土收缩较为有效的措施。

质量保证资料应准确完整，钢筋、水泥的产品合格证及复试报告，砂、石材料的试验报告，混凝土配合比设计报告，混凝土标养试块抗压的强度报告，都必须完整无缺，记录清晰准确，符合有关规定。

（三）从模板工程入手，对钢筋混凝土结构进行质量控制

钢筋混凝土工程中模板工程的造价约占其总造价的 30%，总用工量的 50%，在施工中，采用竹胶合板木肋定型柱模板和梁板模板，根据工程特点进行模板设计，保证其具有足够的强度、刚度和稳定性，保证截面几何尺寸和接缝严密，提高模板周转量，加快施工进度，此模具重量轻、板幅大、模板吸附力小，保温性能好。

1. 从模板的安装着手

模板作为混凝土成型的依据，施工中必须保证结构成型准确，模板、各种支撑、顶撑及固定件应符合要求。为了预控混凝土的几何尺寸、外观质量及强度，支模的质量非常关键，支模应按照图纸的断面尺寸，确保顺直、牢固、准确，以防止浇注过程发生跑模现象。

模板的清理及施工部位的清理，要求模板表面不能沾有干硬水泥沙浆等杂物，在

清理完毕后，在模板上刷上水性隔离剂。放线时使用通线拉通纵横轴线，弹出十字线和模板安装线。安装就位，按照施工工艺，固定找正模板，全面检查复核轴线、标高、各部位尺寸，检查模板及支撑是否牢固、严密，使其符合规范规定。在浇注混凝土的同时，设专人随时检查模板及钢筋，确保其就位准确。

考虑到柱子截面较大，用间距 400 mm 的井字管箍加固模板，以保证柱子模板加固的牢固，柱模板就位前需将柱根基层清理干净。现浇板底板模板采用竹胶合板，铺设下垫 100 mm×50 mm 的方木，间隔 300 mm，每块板及与板梁钢模连接处空隙，用 3 cm 胶带纸贴缝。用此模板施工的混凝土结构表面光洁、平整、美观，可取消原设计的抹灰工程。

2. 从模板的拆除来看

侧模在拆除时，混凝土强度保证其表面及棱角不受损坏，方可拆除。底模待混凝土强度达到 75%后，开始拆除模板，当悬臂构件的混凝土强度达到设计强度的 100%后，才能拆除底模。拆模时注意不要损伤混凝土的角部，禁止乱撬、乱凿，拆除的模板及时清理混凝土的夹渣，涂好隔离剂，按规格堆放整齐，以便重复使用。

通过上述的论述不难看到，要保证钢筋混凝土结构的质量，全面的预先控制和有效的过程控制都是非常重要的。只有全面地从钢筋、混凝土、模板等各个环节进行控制，工程的质量才能够保证，一个优良的作品才能呈现在我们的面前。

第四节　防水工程

一、建筑防水工程中常见材料及施工技术

自从改革开放以来，中国建筑领域高速发展，在现在先进科学技术的支持下，出现了各种优良的建筑材料和先进的施工技术，让人们的生活水平质量不断提升。就现在建筑行业的防水建筑来说，在人们的生活中已经必不可少了，防水建筑质量水平直接关系着建筑的使用质量和使用年限。不重视建筑防水工作，就会因为雨水和地下水的侵蚀给住户带来很多困扰。所以，为了让建筑住户正常生活，保证建筑物的质量，我们应该严格把控建筑领域的防水材料，在建筑领域的建筑标准和国家有关政策规划下，严格进行防水工程工作。而随着人们的探索发展，科技技术正在不断进步，对于

建筑领域防水材料也在不断创新，给建筑领域增加了很多新型良好的防水材料，提升了现在建筑行业的建筑质量，给人们以安心和保障。

（一）建筑防水工程中常见的防水材料

建筑领域有关防水材料的使用让建筑物不再出现雨水或者是其他流性物质的渗漏，让人们可以安心使用，极大地提高了土木工程的质量。根据不同情况选择合适的建筑材料既可以符合建筑标准，更能有效控制建筑成本，让资源的利用率实现最大化。而对于建筑防水工程中防水材料的使用和选择，一般都是根据材料的特性和使用条件决定的，一般来说，我们把常见的防水材料分为以下三种。

1. 刚性防水材料

在建筑领域中我们时常见到混凝土的身影，它不仅有坚硬的强度能支持土木工程的质量，更能够有效保护住宅建筑在使用过程中不受雨水或者地下水的腐蚀。混凝土在建筑行业中的广泛使用，不仅作为一种常见的建筑材料满足了建筑要求，而且保障了住宅建筑的质量。刚性防水材料一般都是依靠材料自身的紧密性起到防水效果的，所以在刚性防水材料的使用过程中应该注意以下几点。

第一，刚性材料施工条件。在防水工程实施以前，我们要根据施工现场真实情况来进行研究，对于可能发生的情况进行排查处理，做好安全准备工作。另外，要检查防水处理工作的各项细节是不是考虑周全，防止有个别情况的遗漏。

第二，刚性防水材料的要求。对于刚性材料的使用，我们要严格按照国家标准进行检验，对于质量较差威胁到建筑防水工程质量的进行排除，要确保使用的刚性材料质量良好、合格。如此才可以保证建筑防水工程的防水性能，保证人民的正常生活。

2. 卷材防水材料

卷材防水材料一般都是在纸张或者是纤维制品等上面涂抹一些防水物质，可以在建筑防水工程中做到弯曲以适应各种防水情况。在卷材防水材料中比较常见的是沥青防水卷材，因为它的防水特性优良，常常用于建筑防水工程中。不过因为这种防水材料的原料限制，使用寿命和防火性能都比较差，我们也在现代科技的支持下尽可能优化这种防水材料，并且在建筑防水工程中的使用中也会做好充足的准备工作，以提升它的使用效果。首先，这种防水材料的储存要尽可能做好防火准备；其次，在使用过程中，防火性能材料在铺设时一定要注意材料表面的洁净程度，防止灰尘或者细小颗粒造成防水性能的降低。

3. 高分子合成材料

现代科技的进步让更多的物质丰富着我们的生活，而我们更是发现了性能更好的高分子合成材料让建筑质量更上一层楼。和传统防水材料相比，高分子合成材料主要以合成树脂等形成膜状材料为主，使用方便并且形状样式新奇，更加受到人们的青睐。这种高分子合成防水材料因为重量比较轻，以及使用寿命比较长等优点，被广泛应用在建筑防水工程中，又因为成本低和具有防水性能等众多优点，在住宅建筑防水工程中使用频繁，并且获得的回报非常丰厚，经受住了时间和实践的考验。

（二）建筑防水工程中的施工技术——屋面防水技术

1. 分格缝的位置和处理

在建筑防水工程中使用分格缝是为了减少裂缝的产生，让建筑更加安全可靠和实用。一般情况下分格缝都出现在布置屋面板的支撑部位与屋面转折位置以及防水层和突出屋面的连接位置。因为建筑地理位置、受气候的影响、土壤的酸碱程度不同，所以裂缝出现的概率也不同。而建筑有了裂缝，人们的安全就会受到威胁，为了人们的生活安全，分格缝一般都要贯穿整个防水层，这样效果更好。

2. 屋面找平层处理

在建筑防水工程中，屋面一般都是采用建筑找坡和结构找坡共同使用的处理办法。先按照一定比例结构找坡以后，就在结构层上用比例合适的水泥渣或者是水泥膨胀砼石找坡，之后利用 25 mm 深度的一定比例水泥砂浆去找寻平层。在建筑防水工程中找坡的时候应该准确找到泛水的坡度以及流水趋向，将最高点和放水口之间利用直线进行打点打巴，放水口的深度不应该小于 30 mm。在浇筑建造过程中利用多重办法进行打造，确保其结实耐用。

3. 屋面隔离层的做法

在住宅建筑防水工程中，一个重点就是关于屋面隔离层的处理。因为各地气候温差不同，各地的湿度也是不一样的，根据这些实际情况考虑屋面隔离层的处理可以做到更好的防水效果。其中屋面隔离层一般都是在防水层设置平层和刚性层，这样既有隔离效果，又不会暴露在空气中遭受雨水捶打和阳光暴晒，还可以有很好的防水效果，避免油膏老化引起质量问题。

在建筑防水工程中，用卷性防水材料做防水层时，应该重视以下几个方面：第一，在基层上进行基层处理剂的涂抹刮匀，在晾干以后，以不粘手为标准，才可以进行卷性防水材料的铺设。第二，卷性防水材料的铺设，常用情况都是从最低处慢慢向上进行铺设，让卷性防水材料的使用符合流水的方向，便于流水排放。第三，有关防水材料铺设的办法是，在保证基层面干净的基础上，将隔离层慢慢和基层面重合在一起，将卷材粘贴于基层表面，卷材要处于自然状态，不应该运用人力过于干扰拉伸。卷材铺设完成以后应该当即使用机器进行压实处理，让卷材铺设更加牢固。

中国有了如今的新面貌，离不开建筑行业的发展进步，建筑给中国大地带来了新的风景。从以前的茅屋两三间到如今的高楼成林，建筑的高速发展也带动着经济的流动，给更多的人带来了机会。新的时代给建筑防水工程带来新的可能，新的防水材料的使用和施工技术的应用，让建筑物更加符合现代发展要求。我们要保证建筑物的安全质量从而来给人民安全幸福的生活，要根据国家和社会的发展进步，以及人民物质生活的丰富去改善创新建筑防水工程，利用技术的更新让建筑防水工程更加安全可靠。

二、建筑防水工程工艺要求与质量控制

随着经济的不断发展，人们的生活质量也在不断提升，建筑行业也在这一经济形势下获得了新的发展动力，但同时人们对建筑质量的要求也随之增多。作为土木工程建设的重点工程类型，防水工程的重要性毋庸置疑。若防水工程不完善，在给人们的日常生活带来诸多不便的同时，还有可能会产生较多的安全隐患，甚至影响建筑结构的长期使用和稳定性。需要对建筑防水工程应遵循的工艺要求进行深入分析，并采取合适的方式对其实施质量控制，以促进建筑整体质量的提升。

（一）建筑防水工程施工问题的严重性

1. 建筑使用寿命缩减

防水工程作为建筑建设过程中的重要工程类型，对其进行完善的施工质量控制极为重要。合理的防水工程能够最大限度地降低雨水渗漏现象的发生，因此，若不重视建筑防水工程的整体施工质量，无论是人员安排的不合理，还是防水材料的选择不当，都会增大渗漏风险，继而导致建筑的使用寿命缩减。

2. 决定着建筑的质量与安全

由于当前绝大部分的建筑依旧以人工建设为主，尤其是防水工程，更是与施工人员的技能水平有着密切联系。一旦防水工程施工过程中出现人员失误，在后续的使用过程中，建筑将极有可能出现结构渗漏现象，影响建筑的使用稳定性。在整体结构建设不完全的情况下，建筑的使用安全也将会受到影响。

3. 影响人们的居住安全

经济的发展，使得人们对于建筑防水工程的质量要求也在随之提升，因此，对于建筑防水工程来说，在施工过程中，必须保证选择材料的质量，从而避免出现房屋漏水等不良现象。对于建筑来说，防水工程的实施决定着建筑的使用年限，甚至影响着人们正常的居住生活。在这一过程中若出现工程施工失误，导致房屋出现长期严重漏水的情况，不仅建筑物的使用寿命会缩短，人们的居住安全也会受到影响，继而带来巨大的经济损失，因此，提高对建筑防水工程质量问题的重视极为关键。

（二）建筑防水工程施工过程中质量控制的几个常见问题

第一，部分建筑施工单位在推进建筑防水工程建设时，选择的材料没有考虑到对建筑物功能的具体要求，如使用性能、功能以及结构特点等。以防水屋为例，部分建筑单位在执行防水工程建设任务时，通常会忽略这一部分的构建。

第二，地基下降现象表现得较为明显。地基下降现象不仅会导致房屋产生震动，同时还会使房屋内部产生剧烈的温度波动。再加上材料选择不当，严重的升温与降温过程将会导致出现热胀冷缩现象，继而改变房屋内部结构，这也是经常出现墙面开裂情况的主要原因，最终影响房屋防水工程的应用效果。

第三，构建刚性防水层时，没有注意设置与保护层之间的隔离层，又或是太过于强调刚性防水层与保护层之间的黏性表现，这也是使刚性防水层受到破坏的主要原因。

（三）需要在建筑防水工程施工前进行的一些准备工作

1. 基层处理

作为建筑防水工程的重要基础，防水层的质量决定了防水工程的整体功能效果。对于防水层来说，由于基层是其组成基础，因此，需要特别关注结构基层的构建。需要注意基层表面经常会出现起皮或是表面有小颗粒存在的现象，甚至由于温度控制不当，而导致基层在长期使用过程中逐渐开裂，应及时采取相应措施。要特别注意的是，在将基层与墙面进行连接时，应将基层形状确定为圆弧形。

2. 防水材料的选择

防水材料种类较多，根据建筑的不同要求，对应着不同的品种与价格，在选择防水材料时，应优先选择质量好的材料类型。若防水材料选择不当，建筑防水工程施工将会失去其应用意义。选择防水材料时，还应以国家对建筑防水工程的相关要求为依据，严格把控材料应用关卡。

3. 防水工程技术交底

正式施工前，需要向施工人员全面介绍防水工程的建设流程，提前做好安全防护，从而将施工风险降到最低。防水工程施工过程中需要应用到的工艺与施工流程，均需由技术人员对施工人员进行指导，保证操作的规范性。为进一步提高施工质量，需要对施工人员进行所应用新式工艺技术的培训，以保证防水工程顺利施工。

（四）防水工程施工条件

1. 环境因素

由于建筑的多数防水工程需要在露天条件下完成，因此施工场地周围的环境条件对防水工程的顺利推进有着极为重要的影响。若是在施工过程中出现雨雪天气、5 ℃以下的低温天气或 35 ℃以上的高温天气，均会影响防水材料的实际应用效果，整体施工质量也将严重下降。因此，强调环境因素的重要性，对于防水工程的实际施工过程来说，有着极为重要的现实意义。

2. 施工交叉

找平层、隔气层以及保护层，多层次的互相交叉是防水层施工时需要重点关注的施工内容，不同层次的施工质量将会影响到防水层的实际构建效果。因此，在执行交叉施工任务时，需要在确保防水层施工质量的基础上，严格把控施工环节，以保障最终的施工质量符合预先设定的质量要求。

（五）不同种类防水工程的施工工艺以及施工要点

1. 屋面防水

通常情况下屋面防水选择的施工方式均为卷材防水，常见的几种卷材类型包括沥青防水卷材、合成高分子防水卷材以及高聚物改性沥青防水卷材等。首先将需要进行防水工程的施工位置的基层进行清理，将基层修整完毕后，对基层喷涂合适的基层处理剂，做好强化节点附加、定位以及弹线等工作后，即可开始铺贴卷材。铺贴完成后，需要对其进行收头处理，检查无误后，对表面进行二次修整，从而完成保护层施工。

选择铺贴的方法以现场施工实际情况以及对建筑防水工程的具体要求为依据。若屋面坡度在 3 度以下，铺贴卷材时应平行于屋脊；公共面坡度在 3~5 度，铺设卷材的方法，既可以平行于屋脊，也可以选择垂直于屋脊；而若是屋面坡度在 15 度以上，应选取垂直于屋脊的方式进行铺贴；若屋面幅度在 25 度以上，那么在设置防水层时则尽量不要选取卷材作为防水工程材料。

2. 地下防水

一是应在建筑物的底部设置盲沟，将减压作为主要的排水方式；二是设置合适的防水混凝土结构，从而达到防水效果；三是选择刚性水泥抹面的方式；四是铺贴卷材；五是涂膜；六是通过在其表面焊接金属层作为防水方式；七是岩石地层注浆。

3. 外墙防水

外墙防水的关键是外墙填充。要想保证填充质量，就需要重点关注外墙顶部的斜砌部分，观察其砂浆填充是否有沉降现象。若外墙顶部斜砌工序为一次性完成，那么墙身沉降现象的风险将会增大，这也是经常出现外墙缝隙的主要原因，继而导致房屋漏水。因此，在执行外墙顶部斜砌任务时，应在确认墙体是否发生沉降后再展开后续的施工活动；配置的外墙粉刷砂浆，也需要严格遵循施工规范，保证砂浆的压实度与紧实度。墙壁粉刷完成后，需要对外墙的光滑度与紧密度进行核验；对于钢筋混凝土外墙来说，要想保证防水工作质量，不仅需要强调混凝土的紧实度，也需要对拉螺杆孔进行深度处理。若有堵塞拉螺杆孔的需要，则可以选择具有遇水膨胀特性的止水条。但为最大限度地降低成本，也可以选择合适大小的木块。施工完毕后，需要将拉螺杆取出，并将封堵其两端的木块去掉。但这样一来，墙壁上就会出现小坑，因此在对其进行粉刷时，需要特别注意小坑位置，增大粉刷厚度。

（六）防水工程施工质量控制措施

对于屋面板的结构设计来说，板厚是影响其在防水工程中起到应用效果的主要因素，为防止板在一端出现塑性铰，可以选择在混凝土中掺杂适当比例的微膨胀剂，用于最大限度地缩减乏筋间距。屋面大角处与平面高度变化处，需要配置适当的附加筋，用于提升抵抗由于外界因素带来的混凝土收缩，或是由于温度剧烈变化而产生表面裂缝的能力。选择合适的原材料与恰当的融合比例，是对防水工程施工的基本要求，以混凝土为例，水灰比例不能过大，并要保证混凝土的密实度；施工过程中需要尽量少地设置施工缝隙，找平层与施工保温层之间需要对结构层的蓄水情况进行核验，蓄水的高度应在 10 mm 以上，持续时间一般需要大于 24 小时。

作为防水工程的设计人员，需要充分掌握防水技术，以及所应用的防水材料性能，包括对屋面防水的具体要求，应以工程的施工性质与需要保证的耐用年限为依据，确定屋面的防水等级。设置防水等级时需要考虑到诸多因素，例如地区的自然条件以及各类建筑设施的摆放位置情况等。在具体的工程设计图纸中，需要特别标明仓缝位置，水泥砂浆或细石混凝土的找平层，分仓缝的间距应在 6 mm 以下。容易开裂的位置，需要预留分仓缝，将其宽度控制在 20 ~ 30 mm；在进行嵌缝时，要选择中档或中档以上的密封材料，并注意强化养护过程，以保证防水工程的使用寿命。

若有建筑面防水涂膜的应用需要，防水涂膜的厚度应在 5 mm 以上，若应用合成高分子防水涂膜厚度应大于 2 mm。保护层的位置应设置于防水屋面的表面，通常选择水泥砂浆或是块材作为保护层的构建材料，并需要注意设置胎膜与保护层之间的隔离层。一般来说设置的砂浆保护层的厚度应在 15 mm 以上，并在极容易出现结构开裂的部分，额外设置 1 ~ 2 层的附加层。

综上所述，经济不断发展的当下，使得人们的生活质量也在不断提升，为满足人们的居住需求，建筑数量也在不断增加，使得人们对建筑的防水工程施工质量有了更高的要求。作为土木工程中的重要组成部分，建筑防水工程的重要性毋庸置疑，其质量甚至决定了建筑的使用寿命。近些年来，人们逐渐意识到防水工程的重要性，各类新兴材料与技术均逐渐应用在建筑防水工程中，为创设美好的生活环境奠定了坚实的基础。

三、防水工程项目管理

（一）防水工程项目管理方面的特点

（1）目前防水工程真正能成为施工项目的相对来说还比较少，大部分防水工程公司难得有机会接触到真正意义上的项目管理。从另一个角度来说，正因为如此，大多数防水公司也就缺乏项目管理实战经验，项目管理的水平难以得到提高。而对于小型的防水工程，因为利润微薄，技术上比较简单，一般的防水公司又不愿花费精力和资金进行项目管理。

（2）防水工程的重要性众所周知，其复杂性却并非大多数人都有所了解。材料的选择、设计方案的提出、操作工艺的组合、细部做法的确定、各工种施工顺序的衔接以及成品保护方案的制定和实施等，都有其独特的要求，非专业人士一般对此并不了解。也正因为如此，单纯依靠总承包方的管理，往往并不能切实保证防水工程万无一失。因此，为了真正做到滴水不漏，对防水工程进行独立的项目管理是很有必要的。

（3）由于防水工程需要较强的专业知识，目前一般的建筑设计人员和业主、监理人员均难以充分掌握。因此，只有由专业防水公司提供防水工程的二次设计，才能切合现场实际情况。事实上，由防水工程公司进行防水方案的二次设计，能够促使防水公司针对工程实际情况，结合自己的经验和技术水平，提出最适合本工程和本公司的施工方案，在这样的基础上，确保工程质量才能真正落到实处。

（4）市场上的防水施工队不少是挂靠在正规防水工程公司或正规土木工程公司名下的，这些“游击队”大多数技术素质较差，在工程中只顾赚钱，既没有意识也没有能力搞好项目管理。他们一般存在如下问题。

①投标报价时对图纸的审核及对标书工作量的审核不仔细，一旦图纸有错或标书工作量有误，只能是“哑巴吃黄连”。

②遇到业主、承包商不了解防水工程特点而瞎指挥时，没有足够的说服能力，只能被迫服从错误的决定，没有努力保护自己的意识。

③风险意识差，只求接单，不计后果。遇到困难或工程质量问题时，只想到靠关系解决，而没有从平时的工作中注意搜集资料，总结经验教训，提高技术水平。

而他们所挂靠的正规防水工程公司或正规土木工程公司，又只顾收取管理费，对挂靠人员不提供任何技术和财务上的支援，更不对项目进行管理。

（二）防水工程项目管理的对策

针对防水工程项目管理的特点，寻找其难点作为突破口，找到相应对策，以期提高防水工程项目管理的水平。

（1）工程管理人员应大力宣传防水工程的重要性，并促使人们将认识转化为实际行动，使防水的观念深入人心。

（2）有志做大的防水公司，应该摈弃“游击队”做法，广纳贤才，提高自身的素质和技术水平。最好的方法就是，将所有的工程，不论大小，都参照项目管理的原则进行施工管理，在工作中边学习、边提高。目前最紧迫的任务是：提高投标报价的质量，将隐含的危险（图纸错误、标书工程量错误、不平等条件等）减到最少；提高风险防范能力，做好风险预测、风险分析等工作，将可能造成的损失减到最少；提高自身技术和管理水平，工程施工中注意收集和保全文件、图片、图纸资料，及时总结经验教训。

（3）对于不合实际的防水设计，应大胆提出书面修改建议，充分发挥专业技术优势，说服业主、承包商采纳。

由于目前防水行业发展迅速，新材料、新工艺层出不穷，一般人未必能很快跟上发展的步伐。一方面，防水专业公司应该充分利用自身的技术优势，主动为业主、设计方、承包商提供防水技术服务，甚至为防水工程提供从设计、施工到维修、保养的一条龙承包服务。另一方面，业主和承包商也应该转变认识，真正从工程质量上着眼，而不是只顾价格因素，减少恶性竞争。这样，最后受益的不仅是防水公司，而且还包括业主、用户在内的所有方面。

第五节　装饰工程

一、装饰工程施工

（一）装饰工程施工的特点

1. 施工人员众多

对于建筑装饰工程来说，其施工人员相对较多。因为分工较细，要保证装饰装修能按时完成，所以不同工种需要不同的施工人员进行施工。经常可以看到建筑施工人员与装饰施工人员同时进行工作，所以，一定要通过施工组织设计，使二者的操作做到互不干扰，保证在规定时间内完成任务。

2. 装饰装修材料冗杂

人们对于装饰装修的要求越来越高，除了要求质量要过关外，还要注意环保与安全。在进行装饰装修材料的选购与储存的时候，既要保证环保，还需要防水、防火等，同时还要注意其使用寿命。而对于进口材料来说，还需要一个采购的流程，所以要安排好时间，不能耽误施工进度。另外，对于施工中所用的装饰装修材料，还要有一个边用边计算的习惯，如果从预算到施工出现材料不足的情况，就要进行合理补充。由此可见，装饰装修施工组织设计需具备一定的科学性和严谨性，做到供给均衡，合理分配。

3. 装饰装修施工环境复杂

建筑装饰装修的施工通常是在建筑主体施工完成后进行的。装饰装修工程包括水、电、声、热等物理项目以及地、顶、墙和门窗部位的界面装修，具有一定的复杂性。施工人员相对较多，在具体进行施工的时候，可能会出现将材料任意摆放的情况，使施工现场比较混乱，这也需要施工组织设计进行创新管理。

4. 新工艺层出不穷

建筑装饰工程为了满足人们的审美需要，也在不断尝试新工艺。随着社会的不断发展，新技术层出不穷，装饰装修项目施工质量日渐提升。这也要求施工方在施工中引进多样化的工艺，满足业主的需要，跟上时代发展的步伐，保证装饰装修技术越来越成熟，达到一个新的高度。

（二）装饰施工组织设计创新的重点

1. 施工工期的要求

建筑装饰工程施工与建筑总体结构施工是相互联系的。施工组织设计中既要保证整个建筑施工及质量，还要做到合理规划装饰装修的工期。然而影响工期的因素有很多，所以一定要做到全方位的兼顾，考虑到各种情况，进行创新，使两组施工进度共同开展，并且互不干扰，保证按时完成任务。

2. 施工质量的新高度

建筑装饰施工在实际建设过程中，需要遵循一定的行业标准和规章制度进行。同时人们的需求也在不断提高，所以对施工的质量也是一种挑战。这也需要合理的施工组织设计来实现，如从施工技术与步骤等方面，根据业主需要进行合理安排，保证施工质量达到一个新高度。

3. 施工环境的创新

秉持“营造绿色建筑，改善施工环境”这一思想，对于控制由施工造成的作业污染如施工垃圾、噪声、粉尘等污染物具有良好的制约作用。选择合适的施工方法减少噪声污染和合理地处理施工废料，并积极开发新材料应对装饰污染，这些都是施工组织设计方案要解决的问题。在进行装饰装修施工组织设计创新时，还要找到建筑施工与装饰装修施工二者间的规律，才能做到科学管理。

（三）装饰装修施工组织设计的创新方法

1. 施工方案的创新

编制建筑装饰施工方案时，需要了解施工现场的实际情况，结合地形与材料和设备等，设计多种场地使用情况，保证施工时有足够的场地进行操作。除了合理利用平面空间外，还要注意垂直空间的安排。如升降系统设计，如何运输材料等，结合已有设备和基础进行创新设计，不浪费资源。这样的设计才能极大提升施工效率，也才能保证施工方在规定工期内完成任务。

2. 施工环境的创新

无论是建筑主体施工，还是装饰装修施工，环境都是一个必须考虑的部分。在进行施工组织设计创新的时候，要结合周边环境、气候，做到全面考虑。根据工作种类不同，造成的噪声污染不同，进行一个时间的划分，保证各分组的衔接，不浪费时间。在周边环境需要安静的时候，进行一些刷漆、布线、运输材料等操作；在人们下班的时间内，进行大型的焊接、割锯、电锤等噪声较大的工作。从施工安排、人员操作与休息这几个方面，结合周边环境，对装饰施工组织设计出新的方案，并在保证质量与工期的情况下，提升管理效率。

3. 编制方法的创新

在对编制方法设计创新时，可以结合一些以前成功的设计经验和技巧，根据实际需要来选择对比，最后进行完善。制定编制标准时，要超前想到日后的发展，预留一定的接口。同时，除了要符合人们需求和结合企业的情况外，还要注意施工人员和工期等问题，保证各工种不冲突，而且能做到相互衔接，然后设计出具体的施工编制标准。

4. 信息技术的使用

随着时代的发展，信息的传播方式也在不断更新。在对建筑装饰施工组织进行创新设计时，可以运用信息技术，将原来写在纸上的内容电子化，然后进行传播。例如，可以采用数字化设计对施工现场和材料的使用量进行模拟和测试，从中找到不足，及时进行改进。另外，三维可视化方式还能对施工进度进行预测，为组织设计创新提供帮助，保证其正确性。从材料采购到施工现场的运输环节，也可以用信息技术进行计算，然后模拟多种运输情况，根据装饰装修和建筑主体的施工进度，选择最合适的方法，合理安排时间与施工步骤，使整个施工工期不紧张，为后期处理问题留足时间。操作人员对施工的进度与问题，也能通过信息技术及时传递给管理层，以便及时做出决策，做到高效率、高质量。

施工组织设计方案是业主、专家等相关方对施工项目最直接的了解，施工方应从材料、工艺、设备、组织中编制合理的施工组织方案，并从装饰工程的特点入手，注意对编制方法和环境进行施工组织设计的创新。运用信息技术加以完善，使管理方法更有效，促进装饰装修行业蓬勃发展。

二、建筑装饰工程施工技术管理

创新是各行各业发展的第一生产力，随着不断涌现出来的新式装饰材料以及新式装饰工艺技术，建筑装饰工程领域的竞争变得更加激烈，从而反向促进了装饰工程施工企业向着更高层次发展。建设装饰工程不仅考验施工单位对于建设工艺的把握程度，更是考验一个施工单位对于艺术和大众审美的了解程度，这种工艺和审美的结合给施工企业增加了很大的难度。进一步强化装饰工程技术管理的目的，就是将行业进行升级，改善行业不足，落实具体工作。

（一）建筑装饰工程施工技术管理的意义

随着改革开放的不断深入，我国社会不断发展，人们对于建筑实用性和美观性的要求都在进一步增加，在建筑装饰领域，工程人员应该针对建筑的特点和未来使用用途进行内部装饰升级。由于各种外界因素的影响，完成装修工程后的施工效果会因为环境温度甚至干湿度的变化而引起装饰材料脱落、开裂，或者因为要改变建筑内布局而对建筑建设施工时布置的水电暖管路进行改造从而造成工期延长、建筑力学性质的改变，这些都是内部装饰领域的短板，所以就应该对施工企业的资质及施工历史进行审批，甄选出高资质的施工企业进行施工。但即便这样，建筑装饰施工过程中还是会出现各种问题，所以，我们应该进一步强化技术管理以及增加施工水平。

首先，保证工程的施工质量和安全。建筑行业是我国国民经济的支柱产业，为我国国民经济的发展做出了巨大的贡献。建筑装饰工程的施工质量好坏决定了业主日后使用的直观感受，遵循我国的可持续发展战略方针，节能环保的理念深入各行各业，在选择合适的装饰施工理念的同时，还应该加入节能环保的施工工艺，将节能环保的理念进一步贯彻落实，这对促进建筑装饰工程改革具有积极作用。

其次，提升施工企业管理水准。在建筑内部装饰施工管理领域，技术的管理是整个行业的重点内容，技术管理涉及宽泛，环节繁杂，在整个建筑装饰施工过程中，全程都要做好技术管理工作。施工企业应该合理安排技术管理，成立一套技术管理生态，打造高效、科学的管理结构。

最后，提升行业地位。我国的房地产经济不断发展，涌现出了很多新式的施工技术和装饰材料，我们要做好整个环节的技术管理工作，将行业进行高效精简，提升行业水平，提升行业市场占比。

（二）装饰工程的主要内容

装饰工程施工对于施工工艺的要求尤其高，装饰工程主要包括吊顶、刮白、粉刷等环节，几个环节按照工序层层递进，打造出的日后使用的房屋内部装饰，不仅要满足业主的个性化审美需求，也要保护建筑免受风雨侵袭，抵御来自外界的温度变化和噪声等影响因素。

（三）建筑装饰工程施工技术管理的要点

建筑装饰的施工环节可谓环环相扣，各环节之间联系紧密，如果有一环出现施工质量问题，那么以这个环节作为基础的下一个环节一定会受到一定的影响。建筑装饰工程分为室外装饰和室内装饰，室外装饰往往是打造出一片和整个项目定位相似的环境设计，不仅要做到与周围环境的颜色、风格相近，甚至还要做到与周围建筑的文化背景相契合，体现出整个建筑群的和谐统一。室内装饰工程的重点是墙体、天花板、地板以及功能分区四个基础部分，对于墙体的设计特点就是在体现出全屋风格的同时还要注意墙体所使用材料的性能，如阻燃、隔音、保温等物理性质。在天花板部分的装饰中，将吊顶造型与房屋结构相结合进行设计，体现出房屋室内装饰的气场与整体感觉，还要做好对于全屋光线的设置安排，合理利用灯光营造的光影效果，突出装饰主题。在地板的装饰中，主要体现的是所选板材对于日后使用的细节化体现，如是否影响地暖的加温性能，是否能足够耐磨，是否能降低走路或搬动家具对于楼下住户的噪声影响，等等。室内装饰的功能分区也是异常重要的，功能分区设置的合理与否直接决定了日后使用的便捷程度。

（四）装饰施工存在的基本问题

1. 施工人员的管理存在弊端

建筑装饰工程管理中一个工作要点就是对于施工从业人员的管理。我国装饰工程行业的市场份额巨大，充斥着大量的从业人员，这些建筑施工人员大多是由农民工转型的工作人员，他们虽然具有一定的技术水平，但是由于快速发展的装饰工程行业，他们的知识技术水平已经不足以应对现在业主的需要。这些施工团队的建设落后，没有经过专业的建筑装饰工程施工培训，由于基础知识的欠缺，他们的从业水平往往比较单一，他们很难掌握很多新式的装饰风格和装饰工艺，容易被时代所抛弃。目前我国的建筑装饰施工单位大部分是由业主和设计师进行意向交涉，由设计师进行整个项目的施工设计，再将设计图纸交到施工人员的手中进行施工，由于施工人员的素质落后，他们不能完全按照图纸上的设计成果进行施工，造成了业主的诉求没办法实现，拉低了建筑装饰工程的施工质量。

2. 建筑装饰风格多样

对于某些建筑进行装饰设计时，为了增加城市建筑的趣味性，往往会将一些建筑的外表设计成充满趣味风格的造型。这些造型往往运用新型的建造材料，但这样新奇的装饰风格在满足业主需求的同时，却忽视了建造质量的问题，这样的装饰风格具有很大的弊端，这样的装饰风格较少，因此相关的施工单位在施工时经验也相对较少，在结构设计方面容易出现问题，建筑外墙需要承受的力远远大于设计时的标准，长时间之后就会出现连接强度和耐久性下降的问题。不合理的装饰结构设计甚至会影响整个建筑的结构，减弱建筑的结构刚性，对建筑造成破坏，造成严重的安全问题。

3. 人员、材料运输压力大

在一些高层建筑中，施工所用材料和施工建设工人的运输问题在一定程度上影响了工程的进展，是一个不容忽视的工作重点，我们只有通过将先进的技术手段和管理手段进行结合，才有可能在一定程度上解决这个问题。设备管线安装、粗装修和精装修等多种队伍同时开展交叉施工作业，还有不参与工程具体建设的业主、监理以及装修设计人员等，大量的建筑装修相关人员具有进入高层建筑的需求。这就意味着我们要高效地使用运输工具来完成人员和建筑材料的输送作业，避免劳动力窝工造成的生产效率低下，最大限度地减少工期延后的可能。

4. 智能化管理体系不够完善

从中华人民共和国成立以来，我国的建筑装饰装修工程已经有了几十年的发展历史，虽然我国传统的建筑装饰装修有着较为成熟的体系，但是我们在智能化管理建筑装饰装修中所做的探究，还远远不够。我们的智能化施工管理体系还不够完善，缺乏足够的经验和系统建设，令我们在这个领域较为落后。但依据我国的基本国情来看，我国幅员辽阔、人口众多，建筑装饰装修的规模也较国外更为庞大，建筑装饰装修风格也各有不同。因此，国外少而精的智能化施工管理体系，可能并不适用于我国开展智能化施工管理探究，因而很难从国外相关的先进领域吸收相关知识来拓展并丰富我国的智能化施工管理。此外，很多施工单位过于重视短期效益，将目光全部放在眼前的经济效益上，减少对于智能化施工管理体系的开发力度，在一定程度上，导致了智能化施工管理体系难以取得跨越式的发展。

（五）建筑装饰工程施工技术管理的改进措施

1. 建立健全施工技术管理体制

在建筑装饰工程施工时，技术管理工作的高质量进行离不开施工技术管理体系的保驾护航，保障各项工作可以完整有序展开。为了建造一个完整的技术管理体系，整合行业内的规章制度和各种工作内容，优化行业结构。首先就要做好对于文职资料的管理，将相关的施工资料进行统一存档，有利于日后相关工程的开展。其次，一个装饰项目的建设效果好坏与整个建设团队的工作积极性具有很大的关系，这就要求整个团队的参与人员都要具有高度的岗位责任意识，认真完成每个工作任务。最后，还要及时做好建设进度记录，通过对整个建筑施工的跟踪记录来发现建设中存在的问题，及时纠正，及时改进，全面提升整个建筑装饰工程的建设质量。

2. 持续优化和创新技术

现如今社会飞速发展，为了将建筑装饰工程与社会发展的要求相结合，装饰工程领域应该进行配套工艺技术的改进和革新。传统的装饰工艺在一段时间内主宰了行业，随着社会的发展，传统的装饰技术已经不能满足现在业主的使用需求了，所以传统技术面临着被淘汰的尴尬局面，只有将传统技术和新兴技术进行整合改良，将传统工艺与新材料进行有机配合，才能激发出新一轮的装饰工程工艺的改进。例如，将计算机技术和互联网技术与装饰工程技术管理工作相结合，促进传统工艺和新技术的快速整合，这就要求相关人员要积极落实对于新技术的应用，将不同技术之间的优点相互结合，提高技术管理的工作效率，提升装饰技术管理的工作质量。

3. 培养高素质施工技术管理人员

土木工程装饰技术管理工作获得创新型发展的前提是各技术人员的大力支持，我们要明确发展目标，加强对于高级技术性工作人员的培养力度，通过稳定的工作内容来吸引一批后备力量。装饰工程施工企业应该定时进行人员培训工作，将新技术、新工艺、新思想准时快速地传递给后备人员。还可以通过引进新式施工设备来提升施工人员的工作效率，提升建筑装饰的工程效果。

总而言之，施工单位应该注重培养员工具有新思想、新技术、不断学习的习惯，打造一个合理创新的人才管理体制，将实践和理论进行有机结合，培养一批新时代的装饰工程施工技术人员。

4. 做好装饰图纸管理工作

装饰工程管理人员除了要掌握现有的基础装饰技术之外，还要掌握具体的装饰施工工艺，这类管理人员只有掌握一定的装饰工程施工知识，才能在工程现场为施工工人进行技术指导。因此，这就要求施工管理人员应该熟悉施工装饰工程设计图纸的每一个要点，明确设计图纸所要求的施工工艺细节。无论是施工人员还是管理人员都应该充分掌握图纸的信息，将图纸进行呈现，严格按照图纸和相关标准进行施工。

5. 积极解决技术疑难问题

建筑装饰技术中存在一些疑难问题，解决这些问题就是技术管理工作的重心，这些问题会直接影响建筑装饰工程的设计阶段和施工阶段，从而影响工程质量，给业主和施工企业造成直接的经济损失。施工单位要总结过往的施工经验，对这些容易出现的疑难问题进行归类整理，进而分析可能造成这类问题出现的根本原因，通过对原因的分析找出合理的解决措施。例如，在大面积的地板和天花板装修完成后，这些大面积的施工作业可能会出现由于日后环境温度、湿度变化而引起的开裂、鼓包等问题。可以通过不断总结经验，将缺陷出现的成因进行梳理，然后一一找出解决方案，再设立实验场地进行解决措施的分类实验，通过这种小范围的实验来找出最有效的解决办法。

6. 注重工程质量和技术资料的检查

建筑装饰装修工程的合格与否以及建筑装饰装修档案齐全与否体现了建筑装饰施工单位和设计单位的建筑装修水平和管理水平。同时，建筑装饰装修档案也是施工质量工程验收单位对建筑装饰装修工程进行质量验收的重要依据。因此，建筑装饰装修企业应该重视对于相关档案资料的跟踪检查及更新工作的开展。这样的追踪工作可以进一步检查施工工艺、施工方案、施工用料等施工要素是否符合要求，保证施工建设进程有条不紊地开展，保证施工建设项目能在最后工期前完成。建筑装饰工程建设承包企业可以采用互查和专人督查的办法进行质量管理，用班组间互查和工序交接前检查的方式结合监理监督和项目领导监督的方式同时进行，将施工中的瑕疵进行及时的检查，然后责令改正。在建筑装饰装修施工的全过程中，要严格执行质量监督管理体系，遇到建设质量问题时，要采用相关措施及时解决。根据这样的质量监督管理体系，就可以减少装饰工程施工人员的懈怠心理，加强其责任意识，从根源上解决施工质量不佳的问题，不仅减少了返工成本，更避免了工期的延误。良好的建筑装饰装修工程质量能加强施工企业的市场竞争力，促进企业的发展和壮大。

7. 加强建筑装饰装修质量

通过对建筑装饰装修工程管理工作的进一步发展，就可以加强建筑装饰装修工程的质量。建筑装饰工程需要满足业主多方面的需求，在保证施工经济性的前提下，还要保证建筑的实用性和美观性，这对于建筑装修工程来说是一项非常严峻的任务。随着社会的不断发展和人民需求的不断提高，建筑呈现出多种多样的结构需求和装饰需求，实际建筑装饰装修工作的难度也变得越来越大。我们通过相关的建筑装修装饰工程管理工作，就可以在一定程度上尽早发现建筑装饰工程建设中存在的问题和弊端，在进行下一步工序之前，就能进行有效的预防措施，更加全面地对待可能出现的质量问题。土木工程技术管理工作的开展能将整个建筑装饰装修工程模块化，通过对关键位置的合理控制来保证建筑装饰工程整体的经济性和安全性，这样不仅可以提高建筑装饰工程的整体效果，更能为建筑装饰施工企业创造更大的经济效益，保证建筑装饰工程领域获得长足的发展。

随着越来越激烈的行业竞争，土木工程的施工质量关系着一个施工企业能否抢占市场，站稳脚跟。想要增强施工质量，就要求施工企业必须高度重视装饰工程施工技术管理，建造各种技术管理体系和生态，将传统手艺与现代科技进行有机结合，以人为本，以机器为辅进行行业升级，改善行业不足，促进建筑装饰效果进一步发展。

第六章 计算机在土木工程中的应用

第一节 计算机辅助技术概述

为了说明人与计算机的关系，首先要了解计算机应用日益广泛的主要原因。计算机能帮助我们解决用其他方法不能解决的问题。例如，只有通过高速的空间飞行器的运动，才能使必要的几乎瞬息之间的方向校正成为有效。又如，在土木工程中的矩阵问题，通过计算机才能解决几百个甚至更多的联立方程组。

计算机广为使用的另一个主要原因是，它解决问题比人快得多，也精确得多。计算机不会在计算上出错，造成漏检，而人却做不到这一点。计算机可以在几分之一秒的时间内累加数十万个各种大小的数而不出任何计算上的差错，但不可想象，一个人在一个月内用算盘累加 10 万个数不会出差错。

现在可以讨论人与计算机的关系了。虽然计算机不会算错，可是它可能出现不正确的结果。原因是，要由人向计算机提供它依次解决一个问题的步骤和处理的数据。因此，一旦解题方法或数据是错的，那么就会出现不正确的结果。

值得注意的是，计算机即使有那么巨大的能力，它也不能创造性地工作，这是一个突出的矛盾，例如，计算机能够帮助建筑设计师设计一个建筑物，但是没有建筑师，它却不可能产生这项建筑设计。如果用上交互式的计算机辅助设计（Computer Aided Design，简称 CAD）系统就可以较好地解决上述矛盾。

CAD 在工业部门的广泛应用，已成为人们熟悉的并能推动生产前进的新技术。CAD 技术最初的发展可追溯到 20 世纪 60 年代，美国麻省理工学院（MIT）的 Sutherland 首先提出了人机交互图形通信系统，并在 1963 年的计算机联合会议上展出，引起了人们的极大兴趣。在整个 60 年代，人们对计算机图形学进行了大量的研究，为 CAD 技术奠定了很好的基础。直到 80 年代，由于计算机设备价格的降低，使得

CAD技术成为一般设计单位可以接受的系统。与此同时，一些通用的CAD图形交互软件成功地移植到微型机上，从而开始在微机上应用CAD，也引起了一般中小企业的兴趣。

我国对CAD的应用和研究，开始于20世纪70年代，在80年代中期进入了全面开发应用阶段，并对土木工程设计工作带来了越来越大的影响。当前，计算机辅助设计在土木工程领域中的应用首推由中国建筑科学研究院开发的PKPM CAD系统。

PKPM CAD是面向钢筋混凝土框架、排架、框架、剪力墙、砖混以及底层框架上层砖房等结构，适用于一般多层工业与民用建筑、100层以下复杂体型的高层建筑，是一个较为完整的设计软件系统。其中PMCAD软件采用人机交互方式，引导用户逐层对要设计的结构进行布置，建立一套描述建筑物整体结构的数据。软件具有较强的荷载统计和传导计算功能，它能够方便地建立起设计对象的荷载数据。由于建立了结构设计的数据结构，PMCAD成为PK、PM系列结构设计各软件的核心，它为各功能设计提供数据接口。PMCAD可以自动导算荷载，建立荷载信息库；为上部结构绘制CAD模块提供结构构件的精确尺寸，如梁、柱总图的截面、跨度、次梁、轴线号、偏心等；统计结构工程量、以表格形式输出等。

PK软件则是钢筋混凝土框架、框排架、连续梁结构计算与施工图绘制软件，它是按照结构设计的规范编制的。PK软件的绘图方式有整体式与分开绘制式，它包含了框、排架计算软件和壁式框架计算软件，并与其他有关软件接口完成梁、柱施工图的绘制，生成底层柱底组合内力均可与PMCAD产生的基础柱网对应，直接传过去做柱下独立基础、桩基础或梁式基础的计算，达到与基础设计CAD结合的工作，以最终绘制出各种构件的施工图，能自动布置图纸版面与完成模板图的绘制等。目前CAD成为一个非常理想的设计方法，我国大多数设计院基本上实现每个设计人员占有一个图形工作台。计算机辅助设计已得到普遍的应用。

人和计算机的关系已明确了。既然计算机承担了它所能执行的任务，那么人就不必去做计算机所能做的事情了。如果我们利用计算机去做一些需要大量计算和数据处理的工作，就可以腾出手来处理和研究新问题，解决现存的问题。

第二节 CAD的基本概念及在土木工程中的应用

我国CAD的应用基本上始于20世纪80年代。在开始阶段，主要依靠外国引进的通用或专用图形软件包在屏幕上做交互式图形设计，与结构计算和构件设计没有结合，参与者主要是长期与计算机打交道的专门人员。一直到80年代末，土木工程CAD才有了真正的发展和较广泛的应用，而这一时期各单位大量购进国产和进口的廉价、高性能微机，又在很大程度上促进了CAD软件的开发和应用。

一、CAD的基本概念

CAD是计算机辅助设计的简称。计算机辅助设计（CAD），就是利用计算机系统来辅助完成工程设计领域中的各项工作。

由于计算机应用领域的不断扩展，今天人们常说的CAD已不再局限于辅助设计工程的个别阶段和环节，而是将计算机技术有机地应用到设计的每个阶段和所有环节，尽可能地应用计算机去完成那些重复性高、劳动量大以及某些单纯靠人力难以完成的工作，使工程师有更多时间和精力去从事更高一层的创造性劳动。

CAD目前应用的领域非常广泛，其中主要有航天航空工业、汽车工业、机械设计、建筑设计、工程结构设计、集成电路设计等。一般认为CAD所应具备的主要功能如下。

（1）几何造型和图形处理；

（2）工程计算和对设计对象的模拟、检验以及优化等；

（3）计算机绘图与文档编辑；

（4）工程信息的合理输出与存储；

（5）人工智能。

交互式图形编辑和自动绘图是CAD的主要特点，也是现今大多数CAD系统的主要功能。工程设计中通常都要处理大量的图形信息，而且绘图工作量也很大。利用计算机的图形显示功能以及彩色、浓淡、阴影、动画等特殊技巧常可收到手工难以达到的效果。如辅助建筑造型设计，飞机、汽车等复杂模型设计等。利用计算机绘图，不但可以减轻劳动强度和加快出图速度，而且还能提高图面质量，减少工程图纸的常见差错。

二、 CAD与计算机绘图的内涵

有人以为CAD就是计算机绘图，其实计算机绘图只是CAD的一个组成部分。但计算机绘图是CAD的重要组成部分，它包括图形信息的输入、输出，图形的生成、变换，图形之间的运算，人机交互式作图等方面。

计算机绘图技术除了在CAD领域应用最为活跃和广泛外，还在其他领域得到了广泛应用。这是因为现代的“绘图”一词的含义已不再是传统意义上的“在纸上画图”，已扩展为在显示屏上显示图形、在打印机上打印图形、人机交互式绘图或用程序自动生成图形文件等。除了在二维空间绘图外，甚至还在三维空间“绘图”，如控制刀具按既定程序切削出三维形体。

其典型的应用领域如下。

（1）自动化办公系统中的图形图表制作。

（2）管理工作中的图形，如工作规划图、生产进度图、统计图（扇形图、直方图）、分布图等。直观明了的图形能使管理人员或决策人员对所涉及的事物一目了然。

（3）勘测图形，如气象卫星云图、矿物分布图、人口密度分布图、航测地形图、水文资料图、环境污染监测图等。

（4）数值信息图形可视化。如应力场分布、电场分布、应变分布、温度场分布等，常用“彩云图”通过颜色的深浅反映场中不同位置处量值的大小，将数值可视化。

（5）商业广告及影视动画制作，甚至包括数字摄影中画面配景、编辑等后期制作的应用。

（6）过程控制中的图像辅助功能以及三维形体的全自动加工切削。

（7）计算机辅助教学和仿真模拟。例如，我们可以在屏幕上模拟一根钢筋混凝土梁从加载到开裂直至破坏的全过程，而无须学生亲临试验场地去做试验。学生可以在计算机上自由设置梁的尺寸、配筋的多少和加荷的大小。

（8）计算机辅助设计中的图形生成和图形输出。主要可分为交互式绘图和非交互式绘图。前者通过人机对话，输入绘图的基本信息生成图形，如工程师通过人机交互输入建筑平面图，然后由计算机程序自动生成剖面图和立面图。后者主要是对于那些量大面广，又具有规律性和重复性的图形，程序根据少量的控制参数，自动生成图形。例如钢筋混凝土连续梁的结构施工图，就可以根据少量原始信息，由程序进行力学计算、自动配筋构造设计直至自动生成全部施工图。

可见，计算机绘图不仅是 CAD 的重要组成部分，也是其他应用领域的重要组成部分。土木工程 CAD 的内容很多，同时又与许多环节紧密配合。在计算机应用高速发展的今天，每个环节、每个阶段或全部工作都可借助计算机来完成。如工程结构 CAD，它的主要内容包括结构计算、构件设计和绘制结构施工图三部分。

（1）结构计算。结构计算要求计算机完成的工作是：对结构计算简图进行静力、动力、线性、非线性等力学分析；按规范要求进行内力和荷载组合，找出截面的最不利内力值；截面和构件的强度设计，即计算截面所需钢筋面积；依据规范对各分析阶段做可行性及优化处理等。随着 CAD 软件技术的发展和硬件设备的提高，结构计算的前后处理程序的开发和应用也有较大的进展。

（2）构造设计。构造设计是整个 CAD 系统中技术难度较大的一部分，主要任务是根据结构计算的结果，完成构件和截面的选配筋等构造设计。如框架结构中的梁、柱选配筋和楼板钢筋布置等。构件选配筋设计不但要使各截面满足内力包络图的强度要求，而且整个构件中的主筋、箍筋和其他构造筋都必须符合有关的规范规定和设计习惯做法。

（3）绘制结构施工图。结构施工图的绘制可以分成成图（几何图形构成）和绘图（图形输出）两部分。尽管 CAD 的成图过程有多种形式，但通常都需经过将几何图形转移成点的坐标和图形符号的步骤。绘图则是将成图后的信息经绘图机（或其他图形输出设备）处理后，以线条和符号的形式表示在图纸上，构成一张完整的施工图。

三、在土木工程中的应用

土木工程 CAD 的开发和研究是一个多学科知识综合应用领域，涉及数学、力学、计算机图形学、软件工程学以及各专业设计理论（如房屋、桥梁结构工程、岩土工程、给排水工程、暖通工程等），还与工程经济、工程管理、工程决策等知识有关。

对于集成化 CAD 系统和智能化 CAD 系统，还涉及数据库理论和人工智能理论，以及专家系统、人工神经网络等技术。

因此，土木工程 CAD 软件的开发是一项技术难度大、工程浩繁的工作，需要科技人员付出极大的劳动和代价。特别是开发土木工程 CAD 系列软件，牵涉的面更大，需要大量的人力、财力和物力。

CAD 在土木工程中的应用非常广泛，主要介绍以下几个方面。

（一）建筑与规划设计

国内的建筑与规划设计 CAD 软件大多是以 AutoCAD 为图形支撑平台作二次开发的系统。这些软件一般能进行建筑和桥梁的造型设计，从二维的平、立、剖面图到三维的透视图，甚至渲染效果图都能生成。

（二）结构设计

在结构设计方面，若干在微机上研制开发的较成熟的 CAD 软件，目前正在各设计单位发挥着积极的作用。这些软件的特点是：以微机为主要开发机型；符合我国现行规范要求和设计习惯；能与人们所熟悉的计算机程序有关；自动化程度高，操作简明；有一定的人机交互功能，可适应不同层次的人员使用。就其功能来说，它们基本上能完成从结构计算到绘制结构施工图的全部或大部分工作，从而使传统的结构设计方式发生了根本的变化。由于计算能力和图形功能的加强等原因，过去人们所熟悉的结构计算方法，即有限单元法分析程序部分，在 CAD 系统中也大为改观。在系统中由于具备功能齐全而又灵活方便的前后处理功能，极大提高了使用者的工作效率，减少了出错机会和查错时间。更为重要的是，灵活多样的菜单、图形等交互式工作方式使现代化 CAD 系统的操作既简单又方便，使其真正成为每个工程师的有力工具。

目前国内流行的主要的结构 CAD 软件如下。

中国建研院的 PK、PM、TBSA、TAT、SATWE、TBFL、LT、PLATE、BOX、EF、JCCAD、ZJ 等；

湖南大学的 HBCAD、FBCAD、BSAD、BENTCAD、FDCAD、NDCAD、SBBIA、BRCAD、BGCAD、SLABCAD 等；

交通部公路科学研究所的桥梁设计软件 QXCAD、GQJS、SBCC、STR 等；

清华大学的 TUS；北京市建筑设计院的 BICAD。

（三）给排水设计

目前国内流行的给排水设计软件主要有：WPM、PLUMBING、GPS 等。

（四）暖通设计

目前国内流行的暖通设计软件主要有：HPM、CPM、HAVC、THVAC、SSPPING、[美] AE-DOT、[欧] COMBINE 等。

（五）建筑电气设计

目前，国内流行的建筑电气设计软件主要有：TELEC、ELECTRIC、EPM、EES 等。

总之，CAD 是一门应用非常广泛的技术，在土木工程的各个领域都占有很重要的地位，因此，它是一门很重要的技术基础课，同学们应认真地学习，努力掌握 CAD 的基本原理和应用技巧，为今后的学习和工作打下扎实的基础。

第三节 计算机模拟仿真在土木工程中的应用

计算机模拟仿真技术是随着计算机硬件的发展而得到迅速发展的。计算机仿真是利用计算机对自然现象、系统功能以及人脑思维等客观世界进行逼真的模拟。这种模拟仿真是数值模拟的进一步发展。

真正的模拟仿真将涉及较多的计算机软件知识。这里仅就土木工程专业教学中涉及的模拟仿真作一简单介绍，以使读者能有一些初步的了解。

一、计算机模拟仿真在土木工程教学中的应用

众所周知，结构试验是土建类专业学生的必修课程。但是利用计算机模拟仿真，同样可以获得试验的效果。在土木工程专业的“钢筋混凝土”课程的教学中，钢筋混凝土构件实验是一个很重要的环节。它帮助学生更好地理解钢筋混凝土构件的性能，增加感性认识。但是，真实的构件破坏试验不仅需要庞大的实验室，还要花费很大的人力、物力、财力和准备时间。如果能够采用计算机模拟的方法，利用计算机图形系

统构成一个模拟的试验环境，学生向计算机输入构件数据后，就可以在屏幕上观察到构件破坏的全过程及其内外部的各种变化。而且，这比单纯地去让学生看教学试验更能调动学生的积极性，使学生能有动手参与的机会，能在计算机上进行试件“破坏”和“修复”。这样做可以节省大量的人力、物力、财力和时间。基于这种想法，借助于清华大学土木工程系开发的“钢筋混凝土构件模拟试验软件”，上海大学进一步开发了“钢筋混凝土构件计算机模拟教学试验 CAI 课件”。该 CAI 课件主要包括试验基本知识的学习，试验过程的演示，动手做试验，以及试验完成后撰写试验报告等方面的内容。

二、计算机模拟仿真在结构工程中的应用

工程结构在各种外加荷载作用下的反应，特别是破坏过程和极限承载力，是工程师们关心的课题。当结构形式特殊、荷载及材料特性十分复杂时，人们常常借助于结构的模型试验来测得其受力性能。但是当结构参数发生变化时，这种试验有时就受到场地和设备的限制。利用计算机仿真技术，在计算机上做模拟试验就方便多了。

结构工程的计算机还用于事故的反演（反分析），寻找事故的原因。如核电站、海洋平台、高坝等大型结构，一旦发生事故，损失巨大，又不可能做真实试验来重演事故。计算机仿真则可用于反演，从而确切地分析事故原因。

三、计算机模拟仿真在防灾工程中的应用

人类与自然灾害或人为灾害作了长期的斗争。由于灾害的重复试验几乎是不可能的，因而计算机仿真在这一领域的应用就更有意义了。

目前，已有不少关于抗灾防灾的模拟仿真软件被研制成功。例如，洪水灾害方面，已有洪水泛滥淹没区发展过程的显示软件。该软件预先存储了洪水泛滥区域的地形、地貌和地物，并有高程数据，确定等高线。这样只要输入洪水标准（如 50 年一遇还是 100 年一遇），计算机就可以根据水量、流速及区域面积和高程数据，计算出不同时刻淹没的区域及高程，并在图上显示出来。人们可以在计算机屏幕上看到洪水的涌入，以及从地势低处向高处逐渐淹没的全过程，这样可为防灾措施提供生动而可靠的资料。

四、在岩土工程中的应用

岩土工程处于地下，往往难以直接观察，而计算机仿真则可把内部过程展示出来，有很大的实用价值。例如，地下工程开挖常会遇到塌方冒顶，根据地质勘察，我们可以知道断层、裂隙和节理的走向与密度，通过小型试验，可以确定岩体本身的力学性能及岩体夹层和界面的力学特性、强度条件，并存入计算机中。在数值模型中，除了有限元方法外，还可采用分夹层单元，分离散单元在平衡状态下的性能与有限元相仿，而当它失去平衡时，则在外力和重力作用下产生运动直到获得新的平衡为止。分析地下空间的围岩结构、边坡稳定等问题时，可以沿节理、断层划分为许多离散单元，模拟洞室开挖过程时，洞顶及边部有些单元会失去平衡而导致破坏，这一过程可以在屏幕上显示出来，最终可以看到塌方的区域及范围，这为支护设计提供了可靠依据。

地下水的渗流、河道泥沙的沉积、地基沉降也都开始应用计算机仿真技术，例如美国斯坦福大学研制了一个河口三角洲沙沉积的模拟软件，在给定河口地区条件后，可以显示不同粒径的泥沙颗粒的沉积速度及堆积厚度，这对港口设计和河道疏通均有指导作用。

五、在建筑系统工程中的应用

系统仿真在计算机仿真中发展最早也最成熟，目前已有不少直接面向系统仿真的计算机高级语言等，系统仿真已广泛应用于企业管理系统、交通运输系统、经济计划系统、工程施工系统、投资决策系统、指挥调度系统等方面。系统仿真首先要建立系统的数学模型，然后将数学模型放到计算机上进行“实验”。因此，系统仿真一般要经过建模阶段、模型变换阶段和模型试验阶段。建模阶段的主要任务是依据研究目的、系统特点和已有的实验数据建立数学模型。常用的数学模型有微分方程、优化模型和网络模型等。模型变换阶段的主要任务是把所建立的数学模型变换为适用于计算机处理的形式，这常称为仿真算法。目前，对连接变量及离散变量的模型已有了多种仿真算法可供选用。最后为模型试验阶段，可输入各种必要的原始数据，根据计算机运算结果输出仿真试验报告。在土建系统工程中，如项目管理系统，可输入各种必要的原始数据，根据计算机运算结果输出仿真试验报告。在土建系统工程中，如项目管理系统、投标决策系统等，在数学上常可归纳为在一定约束条件下的优化模型，优化的目标函数是多种多样的，常用的如下。

（1）最高的利润；

（2）最短的工期；

（3）最低的成本；

（4）最少占用流动资金；

（5）最大的投资效益等。

约束条件则有资金、物资供应条件、劳动力素质，甚至竞争对手可能采用的决策干扰等。这种系统往往十分巨大，以至于靠人工难以求解，运用高速计算机则可快速给出各种可行方案，在复杂的系统中，有许多环节是随机性的，我们可以在统计的基础上将随机事件概率引入仿真系统中，这样可以从仿真结果中得出相应的风险评价。

计算机仿真技术在土建工程中应用成功的例子越来越多，甚至出现了许多专门的名词术语，如数值风洞、数值波浪、数值混凝土等，在此不再一一列举，但从以上列举的几个方面即可看出，计算机仿真在广阔的范围中得到越来越广泛的应用。

第四节　BIM 技术在土木工程施工中的应用

BIM 技术（称为建筑信息建模）模型、参数化，并集成了设计、构建和操作整个生命周期中的工程信息。整个生命周期中，信息量巨大，可行性研究、设计图纸、施工组织、成本预算、决算等都与信息成本密切相关。

一、 BIM 技术的特点

（一）协调性

协调性的操作流程在土木工程建筑业的运作中，无论是设计工作还是实际施工的过程中，都要提前做好完善的组织工作，查找各种问题产生的原因，防患于未然。只有这样才能彻底解决施工中遇到的各种困难，从而找到有效的补救措施，再进行专业化的解决问题。BIM 技术的理念和技术作为信息传递的平台，将施工中的各个环节和技术工种有机地结合在一起，不仅优化了建筑设计的流程，而且还能促进设计产业的创新升级。

（二）优化性

土木工程建设项目的规划、设计和资金回报等环节都是这项技术对施工项目的优化，现在是数据信息时代，土木工程从设计到施工所涉及的情况越来越复杂，土木工程的设计形态也较传统建筑有了质的飞跃，其工艺的复杂程度已经超越了传统土木工程技术的极限。通过近年来 BIM 技术广泛地被应用到土木工程项目建设中，BIM 技术为设计相对复杂化的土木工程项目的优化提供了有力支持。BIM 技术的优化体现在对工程设计与施工、工程造价核算、工程施工工期优化等方面，大大减少了土木工程项目施工的设计工作。

（三）可视化

传统土木工程建设项目构建数据信息大多显示在设计图纸上，而无法显示建设项目立体化的真实结构。然而通过使用 BIM 技术，可以真实地显示建设项目的所有结构模型，从而更全面更透彻地了解全局，进行合理有效的改进。BIM 技术的最大特点是可视化能力强。所谓可视化，是指将可视化技术应用于土木工程建筑设计过程中，从而真正达到建筑施工过程中的透明可视化。比如在建筑行业的绘图中，运用线条进行整体效果的绘制，在建筑的空间上可以发挥更多想象。

（四）模拟化

BIM 技术是一种可以通过模拟制造设计图纸中的建筑模型来直观体现建筑形态，还可以通过模拟各个阶段的施工环节来建造模型，为完善工程细节提供了专业可靠的数据信息。BIM 技术的模拟化技术可以体现在施工项目中的各个环节，通过比较来甄别和优化施工方案，将建筑成品在正式施工前完整地展现出来，对施工方案的可行性进行模拟，从而优化施工细节。通过模拟施工从设备投资、工期、施工措施等方面进行精细地对比评估，可以确定最优的施工方案。除了利用施工模拟技术优化施工方案外，BIM 在构件虚拟装配吊装、施工现场临时设施规划等方面的应用也在逐步发展和成熟。

二、 BIM技术国内外发展与应用

（一）国外BIM技术的应用

在国外发达国家土木工程项目的应用中，BIM技术已经被广泛应用。国外的一些发达国家例如美国、挪威、新加坡、芬兰等国，BIM技术已经被广泛应用，而且已经有多年的实际操作经验。BIM技术已逐渐成为欧美等国建筑业的主流技术。在美国，已经实施了一项BIM计划，以进一步改造技术，提高建筑业的经济效益和社会效益。BIM技术在英国建筑业是强制性的，英国建筑行业的发展速度较其他国家发展相对较快。BIM技术也逐渐发展到北欧其他国家土木工程施工建设当中去。美国的建筑信息化建设起步较早，而且发展至今技术也相对成熟，同时也是世界上BIM技术相对成熟的国家。1996年，美国建筑发明家协会率先提出了“虚拟构造”的建筑设计概念。在1998年，美国提出了基于互联网的工程项目管理概念。1999年，美国成立了应用服务提供商ASP（application service provider）。2006年，美国开始制定基于IFC数据标准的BIM技术国家标准nbims，从而形成了美国国家BIM标准体系。

美国BIM技术在建筑行业稳步发展的背后，是国家层面对于建筑行业的相关技术的重视和助力。2003年，美国总务署（GSA）推动制定“国家3d-4d-bim计划”，选择GSA部分实际建设项目作为BIM技术的试点项目，探索验证其应用模式、使用规则和应用流程。BIM技术的建筑周期解决方案起到了很好的示范和带动的积极作用。自2007年至今，为了鼓励所有GSA项目采用BIM技术，美国政府根据BIM技术应用的深度研究，对采用该技术的项目承包商给予一定程度的资金支持，这极大地促进了BIM技术的应用和发展。

加拿大等国也在BIM技术的应用和推广方面不遗余力。2010年加拿大BIM协会的一份调查报告显示，在加拿大实现BIM技术应用的建设项目，实现了软件与建筑全生命周期的设计、施工、运营和维护阶段的对应关系，BIM技术被深度应用。

（二）BIM技术在我国的应用

我国的土木工程建设相较于世界上发达国家来说起步较晚，但发展迅速。就目前发展形势来看，很多一线城市都采用了BIM技术。BIM技术的优势有助于我国土木工程建设的快速发展，设计人员通过这 BIM 技术建筑模型模拟来预测建筑的完成效果。这项技术在我国一些建筑行业发达的城市被广泛使用，为我国开展城市建设作出了杰出贡献。

我国也对 BIM 技术标准进行了一些基础研究，制定了一些相关标准，但这些标准大多是针对一些地方需求制定的，只能满足解决一些地方具体问题的需要，而不能满足整体和指导性的要求。目前，符合我国国情的 BIM 标准体系还没有形成，这在一定程度上限制了 BIM 技术在我国的应用和推广。

三、 BIM 技术应用于土木工程建筑施工中的优势

政府在促进 BIM 技术的研究和应用方面也做了很多工作。2001 年，建设部提出了“建设领域信息化的基本点”，组织实施了“十一五”期间国家重点科技研究项目“城市规划、建设、管理和服务数字化工程”，开展 BIM 技术在土木工程施工中的应用研究，主要涉及“建筑行业信息化标准体系及关键标准研究”和“下一步研究”。“基于 BIM 技术的新一代建筑工程应用软件”为土木工程建筑标准的引入和 BIM 软件的进一步发展奠定了良好的基础。将 BIM 技术集成到土木工程建筑施工中所展现出的优势可以说是国内外建筑业的一条绿色通道。同样的 BIM 技术在土建施工过程中表现出来，可以有效提高土建工程施工的及时性、安全性和科学性。大大提高了土木工程建筑的施工效率和安全水平。

（一）BIM 在工程造价控制中自动计算的优势

BIM 的建设项目工程造价控制是从两个方面加强的，即基于 BIM 的工程造价决策模型和基于 BIM 的工程造价控制系统模型的设计。在施工阶段，施工企业可以通过 BIM 技术快速查询构件信息并结合相关成本信息，实时完成多计算对比分析和偏差分析，实现项目成本控制的全过程。用传统的计算方法来计算工程量时，要在图纸中反复计算和更改，而工程图纸不利于保存，在反复计算中容易出现失误。而经过 BIM 技术的信息化计算，得到的数据更加客观准确。

（二）BIM 技术高仿真和可视化的优势

在应用方面，BIM 技术以其高仿真和可视化的优势，为工程施工方案设计、施工

方面的布置和施工管理的开展提供了技术支持和保障，具有推广应用价值。随着不断地改进和发展，它具有可视化和仿真化的特点，在实际土木工程施工过程中有着更广泛的应用。这项技术不仅可以在施工的早期得到很好的应用，而且在施工过程和施工的后期都能发挥重要的作用。在不同的阶段，同一型号可采用不同的处理方法，以满足使用的需要。BIM 技术的应用范围可以在建筑、结构、施工以及施工后建筑后期维护等方面，在土木工程建筑的整个生命周期内 BIM 技术都可以应用。

（三）BIM 技术可以加快问题解决的速度

工程数据难以快速、准确地获取并制订资源计划，是未能实现精细化管理的根本原因。因此，在项目管理过程中只能凭借经验。BIM 技术的出现，使项目工程负责人能够快速掌握所需的相关数据，为制订施工计划提供了可靠的技术支持，从而减少了因施工中出现的失误导致资源浪费，避免了人力物力的无谓消耗。在控制资源消耗方面有了很好的体现。

（四）BIM 技术在参数化施工中的优势

在整个建筑施工过程中，施工模型和设计方案的数据复杂多样，应用 BIM 技术可以将完整的建筑施工设计图纸和施工数据存储到数据库中。再将数据库的信息通过计算机的计算，在很大程度上实现高质量的信息输出和数据核算。这项技术不仅有助于提高土木工程施工数字化，而且在完善工程规划、分析施工数据方面有很大帮助。

四、 BIM 技术在土木工程建筑施工的重要作用

我国对于 BIM 技术的实际需求，从城市设施建设来看，工程项目规模也在日益扩大，其建筑的设计理念和结构形式也日趋复杂化，建筑施工企业和工程项目要接受巨大的技术考验。建筑行业通过 BIM 技术的应用从根本上解决了土木工程建设各个环节之间的信息传达不到位等问题。从设计施工到技术管理，全面提高了信息化的实际应用效果，这已然成为目前建筑企业的迫切需求。在行业协会和国家的双重推动下，中国在 BIM 技术应用方面取得了巨大成就。北京鸟巢、水立方、上海世博中国馆、上海

中心、国家电力馆、西安地铁控制运营中心、文登抽水蓄能电站等一大批BIM技术应用示范项目已如雨后春笋般涌现。这些项目的成功实施，不仅锻炼了所有BIM技术应用参与单位，也极大地提高了我国建筑从业人员对BIM技术的认识和认知，对推动BIM技术在我国的应用具有重要意义。

BIM技术的虚拟建筑模型是一个包含建筑所有信息的数据库。3D建筑模型将时间和成本相结合，实现动态的施工管理。该技术可用于指导土木工程建设项目的施工，在建立虚拟施工模型的过程中，可自动生成工程量统计、简化报表、安排材料采购和控制施工进度等。随着计算机技术在各个领域的广泛应用，传统的建筑行业急需技术化的创新和改革，建筑信息模型技术BIM技术就此应运而生。然而目前中国的建设量是不容忽视的，BIM带来的信息整合重新定义了建筑施工传统的设计流程，在很大程度上进行了改善。

五、结语

土木工程建设工程是我国实现社会主义现代化建设必不可少的工程类型。其建设的效率和质量一直受到社会各界的关注。与传统的土木工程施工管理方法相比，基于BIM的土木工程施工管理方法可以最大限度地提高土木工程施工的合格率，大大缩短了施工周期，也能够合理地降低建筑成本。在BIM技术还没有被广泛应用到土木工程建筑之前，施工项目的相关工作人员会以网络计划的形式开展和执行土木工程施工的具体操作程序。但是，随着土木工程建设的不断发展，传统网络规划的制订中显现出越来越多的弊端。对许多突发情况进行有效预判，不能很好地预判就无法对突发事件做最完善的处理，也无法及时估计处理问题所需要延后的工期，难以有效地将施工项目在规定工期内顺利完工。因此，BIM技术的应用足以缓解以上所出现的诸多问题，在项目施工过程中起到了很好的辅助作用，将BIM这项技术应用于土木工程建设当中，为我国土木工程项目施工的开展作出了杰出的贡献。通过在施工项目中合理的应用BIM技术，有效解决了土木工程施工过程中的空间限制，并以数据模型的形式表示，使施工过程更透明化、智能化、数据化。目前我国对BIM技术的研究大多集中在成本预测等方面。BIM技术在施工阶段造价控制领域的应用还处于起步阶段，还有许多问题需要解决。我国建筑行业对BIM技术的应用和研究暂时停留在初探阶段，随着

BIM 技术在我国土木工程建筑设计专业中的不断锤炼，BIM 技术即将快速顺利地进入施工应用阶段，为土木工程建筑行业献策，也为我国土木工程项目的发展增加推动力。在未来的发展过程中，我国建筑领域将构建更加完善的管理体系，将立体化的实施技术融合到未来建筑企业的发展当中，使之朝着更加成熟的领域前进，为我国社会主义现代化建设的发展贡献力量。

参考文献

[1] 柳勇. 建筑工程项目的风险管理技术 [J]. 居业，2015（22）：133-136.

[2] 史辉情. 建筑工程项目风险管理研究 [J]. 工程经济，2015（10）：62-66.

[3] 王红兵，胡爱珍. 如何利用建筑行业信息化管理提升建筑工程管理水平 [J]. 江西建材，2016（04）：272-276.

[4] 刘立新，米延华. 建筑工程项目管理在我国的发展和应用 [J]. 山东工业技术，2016（05）：108.

[5] 李文龙. 建筑工程项目风险管理策略分析 [J]. 科技创新与应用，2016（05）：231-232.

[6] 熊燕. 建筑项目管理的进度管理与控制的探讨 [J]. 住宅与房地产，2016（03）：165.

[7] 周福新，黄莹，李清立. 基于流程化视角的建筑工程项目质量管理研究 [J]. 工程管理学报，2016，30（01）：98-102.

[8] 袁沛光. 建筑工程管理存在的问题与解决方法 [J]. 中小企业管理与科技（中旬刊），2016（02）：120.

[9] 赵志明. 浅谈项目管理法在建筑工程管理中的应用 [J]. 建材与装饰，2016（08）：151-152.

[10] 禹冬连. 建筑工程施工现场职业健康安全管理研究 [J]. 科技风，2016（12）：152-153.

[11] 刘建伟，冯学旺. 建设工程项目信息管理研究 [J]. 信息化建设，2016（05）：137.

[12] 郭秉坤. 建筑工程管理中的质量管理及方法探讨 [J]. 江西建材，2016（22）：255-256.

[13] 杨国栋. 浅析建筑项目施工阶段工程进度优化管理 [J]. 建材与装饰，2016（29）：183-184.

［14］陈恩善. 信息科技下建筑工程项目进度控制管理研究［J］. 电子测试，2016（20）：183-184.

［15］孙建业. 建筑工程项目风险评估管控措施［J］. 中外企业家，2016（30）：102.

［16］杨文忠. 建筑工程管理中的质量管理及方法探讨［J］. 江西建材，2017（01）：285-290.

［17］林明哲. 建筑施工企业的项目管理［J］. 江西建材，2017（01）：294-298.

［18］梁明智，李世峰，滕飞. 工程项目管理的信息化探析［J］. 住宅与房地产，2017（03）：137-138.

［19］曹亚男，赵世强. 建筑企业工程项目管理信息化探讨［J］. 中小企业管理与科技（中旬刊），2017（01）：33-34.

［20］柳茂. 基于BIM技术的建筑施工进度优化研究［J］. 现代电子技术，2017，40（03）：103-105.

［21］王祥. 建筑企业工程项目管理模式分析［J］. 未来与发展，2017，41（02）：76-79.

［22］李伟. 建设工程项目管理风险及对策［J］. 安徽建筑，2016，23（05）：284-285.

［23］吴书叶. 建筑工程项目质量管理与控制措施分析［J］. 山西建筑，2017，43（05）：216-217.